MANUEL

L'ÉLEVEUR DE BÊTES A LAINE.

Toulouse, Imprimerie de A. Chauvin et Cᵉ, rue Mirepoix, 3.

BÉLIER DISHLEY
(Nouvellement Tondu.)

BÉLIER MÉRINOS.

MANUEL

DE

L'ÉLEVEUR DE BÊTES A LAINE.

NOTIONS PRATIQUES

Sur le choix, l'élevage, le bon entretien et les maladies
de ces animaux domestiques,

PAR

ROCHE-LUBIN,

*Médecin-vétérinaire et Agriculteur, Membre honoraire, titulaire
et lauréat de plusieurs Sociétés savantes.*

> Les bêtes à laine, par des croisements
> bien entendus et par un bon régime, sont
> des machines industrielles.
>
> A. YVART, *Leçons d'Hygiène.*

PARIS,

CHEZ COMON, LIBRAIRE, QUAI MALAQUAIS, 15.

LYON,	TOULOUSE,
SAVY JEUNE, LIBRAIRE,	GIMET, LIBRAIRE,
Place Louis-le-Grand.	Rue des Balances.

1854.

Après vingt années de recherches et
d'études pratiques *sur les maladies des bêtes
à laine*, j'avais enfin réuni leur description
dans un traité spécialement destiné aux
hommes de l'art. Les premières pages en
étaient imprimées, lorsque, me dévouant
aux sages conseils de plusieurs administra-
teurs, économistes du plus grand mérite et
parfaitement initiés aux besoins des agriculteurs, je me suis empressé d'en changer le
mode de publication, avec cette réserve de

livrer à la science vétérinaire l'histoire détaillée des maladies encore peu connues.

Ainsi, le nouveau travail que j'offre aujourd'hui à l'agriculture pratique est dégagé de tous les longs détails scientifiques ; j'ai fait tous mes efforts pour le rendre intelligible et utile à toutes les personnes raisonnables qui s'occupent du gouvernement d'un troupeau. J'ose espérer aussi que les vétérinaires praticiens y trouveront des indications opportunes.

Cette seconde partie devait être naturellement précédée par une autre ; celle-ci expose les règles générales à suivre *dans le choix, l'élevage et le bon entretien des bêtes à laine* ; ces règles trouveront des applications particulières dans le cours de divers chapitres qui traitent des maladies ; c'est encore sous ce double point de vue qu'elles peuvent être de quelque utilité en étant mieux comprises.

Je m'empresse de déclarer, avec une vive satisfaction, que mon travail n'est pas seulement le fruit de mes observations journalières et de mes voyages; j'ai profité des leçons de mes anciens maîtres et des écrits sérieux publiés sur cette matière.

Enfin, en publiant le *Manuel de l'éleveur de bêtes à laine*, je n'ai d'autre ambition que celle de concourir, dans l'étroite limite de mes facultés, à la solution de cette grande question du moment : *la vie à bon marché.*

Saint-Affrique, septembre 1851.

MANUEL

DE

L'ÉLEVEUR DE BÊTES A LAINE.

PREMIÈRE PARTIE.

CHAPITRE PREMIER.

Du nombre, du rapport et de l'état général des bêtes à laine en France ; importance de leur multiplication et de leur amélioration ; moyens généraux applicables au gros et menu bétail.

En 1795 et 1796, il fut fait, par ordre de la Convention nationale, un dénombrement des bêtes à laine qui s'éleva à 24,307,728, non compris la Corse et les Pyrénées-Orientales.

En 1818, il fut fait un autre recensement et on trouva un chiffre plus élevé. En 1830, d'après M. Ternaux, le chiffre était de 29,504,000 ; la race mérinos avait déjà produit des améliorations sensibles dans nos races.

Aujourd'hui, notre richesse en bêtes à laine peut égaler le chiffre de 36 millions ; mais ce chiffre est bien loin d'être en rapport avec notre superficie territoriale qui est de 52 millions d'hectares.

En Angleterre, y compris l'Ecosse sans l'Irlande, dont la superficie n'est que de 24 millions d'hectares, le nombre des bêtes à laine est de 46 millions, et leur bénéfice net, par tête, est de huit francs, tandis qu'en France ce bénéfice n'est que de trois francs.

Si on compare encore les états d'importation et d'exportation des deux pays, on trouvera des résultats plus extraordinaires. L'Angleterre, qui ne reçoit de l'étranger qu'une faible partie des laines employées, exporte pour une somme de 500 millions d'étoffes de laine, dont la matière première, achetée dans les campagnes, procure d'énormes revenus aux propriétaires et aux fermiers de ce royaume.

Cependant la France, d'une étendue plus grande des trois cinquièmes, qui possède des pâturages plus abondants et plus convenables aux races précieuses, loin d'approvisionner les marchés voisins du produit de ses troupeaux et de ses fabriques, devient chaque année tributaire, pour des sommes très-élevées, des états voisins, moins avancés dans les arts et tous moins heureusement situés sous le rapport de l'agriculture et des manufactures.

On ne saurait se défendre d'un sentiment pénible, a dit encore M. Cordier, en examinant le tableau des douanes; chaque ligne semble accuser notre indifférence et fait pressentir que les améliorations récentes ne sont pas connues ou mises en pratique dans la plupart des départements.

En effet, si on excepte des troupeaux de mérinos, de métis-mérinos et de métis-anglais tenus avec soin dans quelques contrées de la France, le reste est, en général, dans un état constant d'appauvrissement et de maladie. Car la plupart des troupeaux, par exemple, formés au hasard, sans distinction de races et d'espèces, sont abandonnés à des fermiers ou bergers ignorants qui les laissent, en été sur des pâturages arides, en hiver dans des étables où l'air et la lumière ne peuvent pénétrer, où le fumier séjourne six mois, et où ils ne reçoivent qu'une nourriture sèche, avariée et insuffisante.

Aussi, sous de pareilles conditions hygiéniques et quoique le gouvernement ait imposé sur les moutons étrangers un droit de douane de 25 pour cent de leur valeur, la France continue à rester bien au-dessous des besoins de son agriculture, de ses manufactures et de sa population toujours croissante.

Néanmoins il est prouvé que le mouton, tout en engraissant une plus grande superficie de terrain que celle qui a produit sa nourriture, rend un bénéfice réel par ses divers rendements, après avoir prélevé les frais de garde et les pertes par maladie ou réforme.

Ainsi, en calculant l'étendue territoriale, en suivant généralement un bon système d'assolements et en gouvernant bien le bétail, la France peut nourrir 70 millions de bêtes à laine, multiplier grandement l'espèce bovine, et produire la même quantité de céréales.

C'est alors que nous serons affranchis des importations étrangères en laines, lins, chanvres, viandes, etc.; c'est alors que l'on constatera le bien-être du cultivateur et celui des classes ouvrières qui, étant mieux nourries, pourront exécuter plus de travail et par conséquent obtenir plus de salaire.

Il n'est pas inutile de dire que, par une répartition *encore très-inégale pour l'ouvrier et le campagnard*, chaque Français ne mange par an que 22 à 23 kilogrammes de viande, ou de 60 à 62 grammes par jour, tandis que chaque Anglais en mange, par an, 82 kilogrammes ou 228 grammes par jour.

Sans doute, il nous est facile de propager dans les campagnes même les plus reculées la théorie des bons assolements, ainsi que celle de la multiplication et de l'amélioration du bétail indigène et surtout des bêtes à laine :

nous faisons même parfois quelques heureux prosélytes ; mais généralement les voies et les moyens d'exécution manquent, surtout dans la classe trop nombreuse des cultivateurs peu aisés et par-dessus tout ennemis de toute innovation agricole.

Toutefois, ces voies et ces moyens ne peuvent se réaliser, dans un temps moral, que par l'intermédiaire du gouvernement qui, ayant acquis au milieu de tant de sollicitudes tous les éléments convenables, viendra en aide à la bonne volonté du cultivateur : bonne volonté qui ne sera jamais en défaut en présence des avantages d'une bonne culture et de l'assurance d'obtenir des secours divers.

Parmi ces voies et ces moyens, je citerai les principaux, et déjà quelques-uns d'entre eux fonctionnent avec succès :

1° La création d'une ferme-école dans la circonscription de chaque arrondissement ;

2° La création d'un plus grand nombre de concours régionaux pour les animaux de boucherie ;

3° La multiplication et la convenance des foires et marchés pour les espèces bovine et ovine;

4° L'institution, dans tous les chefs-lieux d'arrondissement, *d'un marché de viande à la criée*, excellent moyen pour mettre en rapport direct le producteur et le consommateur;

5° L'institution de banques agricoles, à l'instar de celles qui sont établies en Allemagne;

6° Le règlement du morcellement des terres patrimoniales, en soumettant à la sanction des chambres d'agriculture d'arrondissement ou cantonnales le rapport de l'expert-géomètre;

7° La diminution de l'impôt foncier et primes élevées pour les cultivateurs qui annuellement auront, ou défriché, ou drainé, ou irrigué, ou chaulé, ou marné, une étendue donnée de terrains propres à la culture des plantes fourragères, lesquelles plantes seront spécialement destinées à l'entretien du gros et menu bétail multiplié et amélioré;

8° La diminution des droits d'octroi pour

les animaux de boucherie améliorés et vendus sans intermédiaire aux débitants;

9° Favoriser encore, surtout dans les grands centres de population, les rapports directs des producteurs avec les consommateurs, en ralliant par des voies de fer ou par des routes les principales villes avec les contrées productrices, et subsidiairement en obligeant, dans le cahier des charges, les compagnies concessionnaires des chemins de fer à avoir des tarifs proportionnellement moins élevés pour le transport des animaux de boucherie;

10° Enfin, maintenir avec modération et sagesse les droits des douanes sur les laines et viandes étrangères pour prévenir les effets d'une concurrence encore trop fâcheuse eu égard à la multiplication et à l'amélioration du bétail, conditions indispensables pour pouvoir produire en France la viande qui nous est nécessaire.

CHAPITRE II.

De la constitution, du tempérament, de l'instinct des
bêtes à laine.

La peau des bêtes à laine est douée d'une
grande sensibilité et d'une grande force ab-
sorbante, ce qui explique la fréquence des
maladies de cet organe et les bons effets du
traitement dérivatif.

L'organisation délicate, complète, et l'étendue des organes de la digestion, expliquent
pourquoi ils sont si souvent malades.

Le volume des veines-caves et l'étendue de
tout le système sanguin-veineux expliquent
les nombreuses altérations du sang qui font
naître souvent des affections graves et parfois
contagieuses.

L'étroitesse naturelle des premières voies de
la respiration, le peu d'ampleur des poumons
si peu en rapport avec le volume des organes

digestifs, démontrent assez que les bêtes à laine
ne peuvent supporter de longues courses et
qu'elles sont essoufflées après quelques pas
d'une course rapide.

Enfin le peu de développement du cerveau,
le peu d'impressionnabilité des sens, la non-
chalance et la faiblesse dans les mouvements
viennent encore démontrer que le tempérament lymphatico-sanguin prédomine chez les
bêtes à laine et que leur espèce n'existerait
plus si l'homme n'eût éprouvé un puissant
intérêt à les soigner sans cesse, à les multiplier et à les défendre.

Cependant, il est vrai de dire que jusqu'à
ce jour on a fait une part trop faible à la
faculté sensitive de cette précieuse race de ru-
minants : sans doute, les bêtes à laine supportent sans se plaindre les opérations les plus
douloureuses ; elles s'égarent facilement, rejoi-
gnent avec peine le troupeau sans le secours
du gardien, restent même exposées, quoique
près d'un abri, aux intempéries des saisons et
mangent même des plantes nuisibles ; mais

néanmoins elles s'agitent avec inquiétude à l'approche des orages, elles quittent alors la pâture; par l'ouïe, elles se rendent compte de l'approche des mouches œstres qui vont les assaillir; par l'odorat, elles s'expliquent et fuient l'arrivée du loup, à moins d'une saisie soudaine.

Les bêtes à laine démontrent encore un peu d'intelligence et une certaine finesse des sens de l'ouïe et de la vue, par leur fuite instantanée d'un lieu où elles ne doivent ni paître ni passer, sitôt que le berger, quoique à une assez grande distance, se courbe pour lever la pierre qu'il doit lancer sur elles.

Le berger s'oppose-t-il un instant à l'entrée dans une tréflière, dans une luzernière; manque-t-il l'heure de cette dépaissance : tout le troupeau le fixe, l'abasourdit par des bêlements continuels et unanimes, bêlements qui cessent tout-à-coup au second ordre impératif transmis par le coup de sifflet ou par le claquement de la courroie fixée à l'une des extrémités de la houlette.

Dans les grands troupeaux, on voit de jeunes brebis, trouvant difficilement leurs agneaux, se rendre auprès du berger; elles le flairent, lui lèchent les mains et semblent lui demander leur progéniture.

Le sens de l'amour et de l'amitié maternelle n'est pas aussi émoussé qu'on veut bien le dire; le bélier caresse davantage telle ou telle brebis; il dédaigne très-souvent les vieilles, du moins elles sont, en somme, les dernières lutées; la brebis craint ou refuse l'approche de tel ou tel bélier, s'en défend parfois; toutes en général fuient le bélier noir.

Sitôt que l'agneau est né, sa mère l'entoure de tous les premiers soins; elle le lèche et le défend contre l'attaque des chiens; elle bêle et suit le ravisseur, elle frappe du pied; privée de son petit, pendant les heures de dépaissance, elle bêle très-souvent et toutes ses compagnes l'imitent; à l'heure fixe de la rentrée, toutes s'agitent, accélèrent la marche, rentrent en troupe et avec force dans les bergeries, et toutes se mettent à la recherche de leurs agneaux.

Si, quinze ou vingt jours après l'agnelage, des agneaux meurent ou sont vendus, l'on voit des mères témoigner de vives inquiétudes et perdre l'appétit.

Maintes fois, au moment de la traite, j'ai vu des brebis *se poser elles-mêmes* devant la personne qui doit les traire; j'en ai vu d'autres fuir ou se défendre contre le rustre goujat qui, la veille, l'aura soubattue brutalement.

Enfin, pour prouver que l'intelligence des bêtes à laine *n'est pas si imparfaite*, je puis affirmer que j'ai vu de jeunes brebis se livrer, sur l'ordre du berger, à des allures, à des positions gymnastiques.

CHAPITRE III.

La domesticité, en asservissant l'animal à l'homme, a grandement modifié les diverses espèces des bêtes à laine : celles qui étaient autrefois les mieux caractérisées présentent aujourd'hui des variétés presque infinies et qui se modifient encore tous les jours sous l'influence du climat et d'un nouveau régime.

Ainsi, après avoir tracé ici les caractères des principales races, c'est-à-dire de celles qui donnent les plus grands produits et qui sont déjà naturalisées ou en voie de naturalisation, au moyen de bons croisements avec les races indigènes, il appartiendra à l'éleveur, qui aura médité les règles à suivre pour le choix d'une race, de préférer telle ou telle.

Race mérinos. — Corps cylindrique, trapu ; tête grosse, carrée ; chanfrein presque droit ;

œil vif; presque toujours des cornes en spirale ; cou court, gros, souvent garni d'un fanon ; poitrine ample, épaules rondes, dos horizontal, plat ; extrémités courtes, fortes ; testicules gros, pendants, séparés par un sillon ; la toison pèse en moyenne 4 kilogrammes ; les brins de laine sont en zig-zags, tenaces, élastiques, nerveux, fins, doux et moelleux. Aujourd'hui, une grande partie de cette laine est propre au peignage ; enfin, le mouton mérinos et le métis-mérinos rendent 56 pour cent de viande nette.

Cette race a formé en France quatre principales sous-races :

1° *La race de Rambouillet.* — Elle est très-vigoureuse, elle donne une toison en suint de huit à neuf kilogrammes. La laine est plus longue, plus tassée et moins jarreuse que celle de la race pure ; sa viande est aussi plus pesante, elle est très-estimée par les cultivateurs du Nord.

2° *La race de Naz.* — Elle est plus petite que la précédente, sa toison est généralement superfine et elle s'étend sur tout le corps ; elle est pourvue de grosses cornes, mais elle est sans fanon ; comme bête de boucherie elle est inférieure à celle de Rambouillet.

3° *La race de Perpignan*, dont le noyau fut fait par Gilbert, est comprise par M. de Gasparin dans *la race légère* : en effet elle se distingue des autres classées *dans la race trapue* par la longueur de ses extrémités presque dépourvues de laine et par l'absence des cornes et des fanons.

4° *La race de Mauchamp.* — Cette race, due à un honorable agriculteur du département de l'Aisne, M. Graux, est plutôt un nouveau type-mérinos qu'une sous-race. Sa laine est droite, lisse, soyeuse, semblable par sa forme à la laine longue anglaise, mais infiniment plus douce, plus fine ; elle se vend huit francs le kilogramme. Cette race, quoique se nourrissant bien, fournit peu de viande de boucherie.

Généralement l'entretien des mérinos est difficile, soit par les soins, soit par les aliments qu'ils réclament; ils sont plus exposés aux maladies que les races indigènes, ils sont moins prolifiques; les portières donnent moins d'agneaux que celles du pays, et elles ne sont pas si bonnes laitières.

Ainsi la race mérinos pure, qui ne peut se maintenir dans toutes ses qualités que par un régime convenable et par des appareillements bien entendus, ne peut convenir que pour croiser et perfectionner nos races.

Il est prouvé que les métis sont moins exigeants et qu'ils donnent autant de produit en laine et en viande que les *pur-sang* : aussi cette espèce, dans l'état actuel de notre agriculture, est-elle encore la plus productive des bêtes à laine; le Berri, la Beauce, le Perche, la Picardie, la Normandie, la Bresse et surtout le département de l'Ain en fournissent de nombreux exemples; mais il faut faire observer que le perfectionnement des races de ces contrées a été favorisé par les améliorations introduites dans l'agriculture française.

2

Il faut dire aussi que, pour espérer d'améliorer les races de la Bretagne, du Poitou, de la Saintonge, du Limousin, du Quercy, de l'Auvergne, de la Haute-Loire, de la Loire, du Dauphiné, etc., etc., races qui s'élèvent à l'énorme chiffre de 13 à 14 millions d'individus fournissant peu de viande et une laine de médiocre qualité, il est indispensable que les cultivateurs de ces provinces perfectionnent au préalable leur culture fourragère afin de pouvoir mieux nourrir à la bergerie.

Race du Larzac. — Cette race, qui se multiplie dans des proportions remarquables, est d'une origine très-ancienne et espagnole ; elle eut son berceau sur le Larzac, vaste plateau calcaire situé entre les confins des départements de l'Aveyron et de l'Hérault.

Malgré les quelques modifications qu'elle a éprouvées, cette race s'est toujours rendue recommandable par la petitesse de sa tête, de sa taille, de son ossuture, par la forme régulière de son corps, par la largeur de ses reins, de sa croupe, par l'ampleur de ses mamelles, par sa laine onctueuse et frisée et par sa grande aptitude à la production du lait, généralement destiné à la fabrication du fromage de Roquefort qui s'élève aujourd'hui au chiffre de 1,200,000 kilogrammes. L'écusson ou l'épi du pis est bien développé; j'ai fait sur cette race l'application du système Guénon : plus tard, j'en publierai les résultats.

Depuis l'extension des prairies artificielles, chaque brebis de cette précieuse race donne annuellement à son maître un produit moyen, mais *net*, d'une somme de vingt francs : aujourd'hui, à l'aide d'un meilleur régime et d'une hygiène perfectionnée, doit-on tenter l'amélioration du lainage par l'introduction des béliers à laine longue sans craindre d'aliéner la qualité essentielle d'*excellente laitière?*

Déjà, d'après quelques notes prises chez deux agriculteurs distingués, MM. Rodat d'Olemps et Randon-du-Landre, je me crois autorisé à avancer qu'avec des croisements par les béliers New-Kent, nos brebis, *sans cesser d'être bonnes laitières*, ont fourni une toison plus abondante et d'une valeur double.

Cependant, malgré ces quelques succès, le cultivateur des environs de Roquefort ne doit en rechercher d'autres qu'avec beaucoup de sagacité et de circonspection; il doit abandonner ce soin à de riches propriétaires. Ces derniers doivent se faire un devoir de poursuivre cette voie d'amélioration et surtout d'en préciser les résultats.

RACES ANGLAISES : 1° *Race Dishley*, dite encore *New-Leicester*. — C'est le type des animaux à laine longue, taille élevée, os petits, grêles; corps long, épais, volumineux : on le compare à un baril; tête petite, chanfrein droit, front large, sans cornes; yeux gros, vifs; cou court, épine dorso-lombaire horizontale; dos et reins larges, aplatis; épaules fortes, poitrine ample; flanc court, jambes fines, grêles, courtes; peau mince, laine fine, lisse, longue de 30 à 35 centimètres, disposée en longues mèches et peu chargée de suint; toison pesant quatre kilogrammes, quand l'animal à deux ans; dans les animaux de cette race, la graisse forme une couche épaisse sous la peau et de gros pelotons aux fesses, à la croupe, près des épaules, etc... Chaque mouton rend 75 pour cent de viande nette; elle n'est pas de première qualité.

2° *Race New-Kent.* — Cette race diffère peu de la race Dishley : généralement, elle est moins grande, moins pesante; elle est encore moins exigeante sur la nourriture, et sa laine est plus fine, sa viande est excellente; elle est le produit des brebis du comté de Kent croisées avec le bélier Dishley.

3° *Race Cottswoolds* ou *Glocester.* — Cette race a une taille plus élevée que les moutons Dishley, quoique les os soient peu développés; la tête est triangulaire, le chanfrein busqué dans les béliers et droit dans les brebis; les oreilles sont petites, le ventre est arrondi, les membres sont forts, la peau est rose; la laine, dépourvue de suint, est d'un blanc argenté et tombe par mèches; cette race, formée par le croisement des brebis du Glocester avec les béliers Dishley, est très-prolifique.

Le développement des animaux de ces races est très-prompt, leur engraissement est très-rapide; ils résistent à l'influence des pâturages humides; en hiver, ils vivent de fourrages de médiocre qualité; mais, dans leur jeunesse, ils sont bien soignés; durant leur vie, il leur faut des pâturages fertiles et peu éloignés des bergeries; ils craignent les fatigues, ils résistent difficilement aux fortes chaleurs et aux froids rigoureux de notre climat.

Comme l'a déjà fait la race mérinos, les races anglaises peuvent améliorer beaucoup de races françaises, surtout sous le rapport de la boucherie.

On a obtenu de bons résultats en croisant les béliers anglais avec les brebis qui vivent dans les riches pâturages de la Normandie, de la Flandre, de l'Artois, de la Beauce et jusque dans le Bordelais; on peut même avancer que de pareils croisements vont fournir une espèce plus productive que les métis-mérinos.

Mais on ne peut adopter ce précieux mode de métissage qu'après avoir introduit dans l'exploitation un excellent régime et une hygiène encore plus perfectionnée que pour les métis-mérinos.

Dans le nord de la France, le bélier anglais a donné aussi de bons produits avec les métisses franco-mérinos. Les produits de ce croisement s'engraissent facilement et donnent de 3 à 5 kilogrammes de laine propre au peigne, se vendant plus cher que celle des mérinos.

A la bergerie d'Alfort, à Rambouillet et dans une ferme du Pas-de-Calais, la race anglaise croisée avec la race mérinos a produit encore des résultats très-satisfaisants. Ces résultats ont été confirmés en Angleterre.

Un habile éleveur, M. Malingié, a croisé les béliers anglais avec différentes races françaises ; il a trouvé les métis tout-à-fait appropriés à notre sol, à notre climat, à notre industrie ; leur laine est abondante et fine. A l'âge d'un an, ils pèsent 62 kilogrammes.

D'après tous ces premiers essais, on peut

donc espérer que, par la multiplication de
pareils croisements, possibles dans beaucoup
de nos départements, la France obtiendra
abondamment de la laine et de la viande à
bon marché.

Cependant M. Yvart, homme compétent
en pareille matière, ne croit pas qu'on ob-
tienne des béliers à laine longue, pour le même
poids de chair, une valeur aussi grande en
toison que celle de la race mérinos : « Mais,
» ajoute M. l'inspecteur général, le grand
» mérite des moutons anglais consiste dans
» une couche de graisse fort épaisse qui se
» dépose sous la peau et se prolonge entre les
» fibres de la chair, conditions anatomiques
» qui font que ces animaux peuvent être
» engraissés dans un âge peu avancé quand
» nos moutons ne peuvent donner que de la
» laine. »

CHAPITRE IV.

Du choix d'une race; choix du bélier et de la brebis.

L'éleveur, en appréciant la taille, la bonne conformation d'une race, la qualité et la valeur de ses rendements, doit préférer celle qui est le plus en rapport avec la nature du sol qu'il cultive et avec le système d'assolements qu'il a adopté.

Mais, dans l'immense majorité des cas, il doit préférer une petite race, pourrait-il en avoir une grande, a dit avec justesse M. Magne ; l'expérience démontre clairement que la première réussit mieux sur la plupart des terres destinées à la nourriture des troupeaux quand elle est en même temps plus avantageuse sous trois points principaux.

En effet, sous le rapport de la viande, une bête à laine d'une taille médiocre est aussi bonne qu'une grande, car une quantité donnée de nourriture produit autant de chair étant consommée par deux moutons pesant 25 kilogrammes chacun, que par un seul du poids de 50 kilogrammes.

Sous le rapport du lainage, il est évident qu'avec la même nourriture deux petites bêtes, ayant la surface de la peau plus étendue, donneront plus de laine qu'une grande.

Sous le rapport du laitage, il est encore évident que, toujours sous l'influence d'une même nourriture, le rendement en lait sera près du double.

D'ailleurs, il est encore prouvé que la petite bête à laine est plus robuste que la grande, que sa toison est plus fine, car la première a la peau moins épaisse, le bulbe des poils plus petit, les brins de laine plus minces que ceux de la seconde.

Après ces premières considérations, l'éleveur doit aussi s'attacher à la race dont les rendements sont les plus faciles à vendre; par conséquent, s'il habite des contrées très-fertiles, même un peu humides, situées près des grandes villes, il élèvera des bêtes à laine jeunes d'un corps assez volumineux et aptes à prendre un accroissement rapide et un engraissement facile ; tandis que l'éleveur, éloigné des grands centres de population ou d'approvisionnements et relégué sur les pays de montagnes, recherchera le menu bétail, remarquable par sa sobriété, par sa vigueur, par la quantité et la qualité de sa toison, en ayant toutefois égard, pour la qualité, aux débouchés et aux demandes des consommateurs voisins.

Enfin, l'éleveur qui voudra concourir à la fabrication du fromage de Roquefort cherchera à imprimer à son troupeau tous les caractères de la race laitière.

Choix du bélier. — Le mâle communique au germe la vie, la force et l'énergie.

Sous ce premier rapport, le bélier doit avoir la tête haute, petite et pointue ; l'œil vif et bien ouvert ; le front et le museau secs ; l'haleine sans mauvaise odeur ; la bouche nette et vermeille ; la veine de l'œil bien apparente ;

la peau colorée, douce, souple et dépourvue de plis; la laine difficile à arracher; il doit être plutôt petit que grand; son corps sera bien proportionné; sa poitrine sera large; les côtes longues et bien recourbées; le tronc allongé; le dos horizontal; les reins larges; les membres courts et charnus jusqu'aux genoux et aux jarrets; ses os seront petits; il sera dépourvu de cornes.

Le mâle contribue à communiquer la finesse, l'uniformité et le tassé de la toison.

Sous ce second rapport, il faut porter un examen sérieux à la couleur du bélier et à sa laine : la couleur blanche est préférable, pour ne pas dire indispensable; on ne doit observer, sur aucune partie du corps, de taches noires, ni brunes, ni pies; la laine, qu'elle soit commune ou superfine, longue ou frisée, doit être égale sur tout le corps et être exempte de jarre; dans tous les cas, il faut choisir les toisons lustrées et les plus fines, pourvu que la finesse ne diminue pas la force, le nerf, la ténacité du brin de laine; les fanons recher-

chés, dans quelques pays, indiquent l'épais-
seur de la peau et la grossièreté de la toison.

Choix de la brebis. — Les caractères assi-
gnés au bélier reproducteur s'appliquent en
partie à la brebis : comme toutes les femelles,
elle doit avoir le bassin ample, le corps long,
afin qu'elle loge à l'aise le fœtus.

Dans le choix des reproducteurs il ne faut
encore admettre que des individus dont le
mérite du lainage et du laitage, en poids et en
quantité, a été constaté par l'observation de
deux années; la qualité de bonne laitière est
principalement héréditaire.

D'un autre côté l'éleveur doit choisir, autant que possible, des reproducteurs qui se
ressemblent, afin de ne pas être obligé, lors
de la monte, de diviser le troupeau en plusieurs petits lots; il doit surtout éviter que le
bélier ne couvre jamais sa fille.

Les éleveurs habiles suivent avec raison
cette méthode qui prévient l'abâtardissement
de la race; ils ne cherchent pas leurs béliers
dans une race étrangère, mais dans une famille

différente de la race qu'ils possèdent; cette mutation est très-facile entre voisins.

Je ne dois pas terminer ce chapitre sans énumérer quelques grands principes d'élevage très-scrupuleusement mis en pratique depuis longues années par les cultivateurs anglais.

1° *Pour la production d'animaux de boucherie :* En faisant un choix judicieux pour la reproduction de mâles et de femelles de la même race qui, par leur conformation, leur nature et leur finesse, puissent donner le plus fort rendement possible en viande de boucherie de première qualité, dans le moins de temps et avec le moins de dépense possible, en s'attachant religieusement à donner toute l'année aux mères, et surtout aux élèves, dès leur première jeunesse, une nourriture succulente et régulièrement abondante.

2° *Pour la reproduction d'animaux bons laitiers :* En préférant à tous autres les femelles et les mâles provenant d'une même race excellente laitière.

3° *Pour la production de bêtes bovines de*

travail et d'engrais : En choisissant des types reproducteurs d'une même race, unissant à la force musculaire une aptitude notable à l'engraissement.

4° Enfin, et surtout, en tenant toujours compte, dans le choix d'une race, du climat, de la situation topographique, de la configuration, de la nature du sol, de l'état agricole et des débouchés des lieux où cette race devait être élevée, perfectionnée et multipliée.

« Quand Bakewel, Coling, Tomkin et au-
» tres, dit M. le professeur Delafond, eurent
» perfectionné les magnifiques et excellentes
» races bovines de Durham et d'Hérefort,
» comme aussi les précieuses races ovines
» Dishley, New-Kent ou Soutdouwn, qu'ont
» fait les autres éleveurs anglais? Ils n'adop-
» tèrent ces races que dans les lieux voisins de
» ceux où elles avaient été améliorées et dans
» ceux aussi surtout où le climat, la qualité
» et l'abondance des herbages, les perfection-
» nements agricoles et les débouchés permet-
» taient d'en tirer un parti réellement éco-

» nomique. Qu'auraient dû faire, et que
» doivent faire encore aujourd'hui les agricul-
» teurs français ? Imiter les très-précieux exem-
» ples qui ont été donnés par les éleveurs
» anglais. »

C'est alors que les Allemands et les Anglais ne reprocheront plus aux éleveurs français, 1° de manger trop de pain et de vouloir récolter trop de grains ; 2° de ne pas savoir produire le lait ni la viande, lesquels produits, il est vrai, sont la condition première du perfectionnement de l'agriculture française.

CHAPITRE V.

Règles générales sur le croisement ou métissage ; sur la formation d'un troupeau *par progression* ; de la multiplication *en dedans*.

Par le croisement ou *métissage* on communique à la race que l'on possède les qualités qui distinguent une race étrangère ; cette opération est toujours plus avantageuse que l'importation d'un troupeau de race pure ; elle contribue à la conservation des races ; elle est très-favorable dans l'espèce ovine.

Mais, pour retirer du métissage tous les avantages qu'il offre , l'éleveur doit se prescrire l'exécution de quelques règles importantes : 1° il doit être convaincu (on ne saurait trop le répéter) que le succès du métissage dépend d'un bon régime et partant d'un bon système cultural ; 2° il introduira des mâles de race pure pour les allier à ses femelles indigènes , et non des femelles étrangères pour les livrer aux béliers du pays ; 3° il exclura les béliers métis, afin d'éviter des améliorations peu durables ; 4° il n'emploiera pas des béliers métis, *mais des béliers de race pure, quand les produits du premier métissage, après la quatrième ou cinquième génération, auront acquis le degré de perfection :* par ce moyen il évitera cette tendance à reprendre tous les caractères plus ou moins inférieurs de la souche maternelle, c'est-à-dire l'abâtardissement ; 5° il assortira, autant que possible, les deux races qu'il veut unir ; 6° il acclimatera insensiblement les béliers améliorateurs avant de les faire fonctionner ; 7° il établira un compte pour se demander, d'une manière encore approximative, il est vrai, si la race améliorée lui rendra, par sa laine et par sa viande, les frais exposés.

La formation et l'amélioration d'un troupeau *par progression* est une opération facile et lucrative, surtout pour les cultivateurs peu aisés : 1° elle n'exige pas un déboursé plus grand que pour le métissage simple ; 2° elle ne demande pas plus de temps pour se réaliser en entier qu'il n'en faudrait aux cultivateurs pour pousser ces croisements à la cinquième génération ; 3° elle augmente de suite et progressivement, d'abord la rente de laine et la vente de la bête, puis le capital dans une grande proportion.

Cette méthode est due à Morel de Vindé ; Teissier en a donné l'explication suivante :

Un fermier ou un propriétaire désire-t-il composer sa bergerie de trois cents brebis communes ? Il achètera, pour les croiser, le nombre suffisant de béliers mérinos et en même temps quelques femelles de cette belle race, soit douze, soit huit, soit même quatre ; ce qu'il lui faudra de capitaux pour cette dernière acquisition n'excèdera guère le prix des béliers qu'il serait obligé de se procurer pour les renouveler chaque fois qu'il en aurait besoin. En employant ce mode, son troupeau, dans les premières années, se composera de deux classes d'animaux, savoir : 1° de mâles et de femelles mérinos, produits par les béliers et les brebis de race pure ; 2° de mâles et de femelles métis issus de l'accouplement de brebis mérinos et de brebis communes. Son premier soin sera de châtrer tous les agneaux mâles-métis, sans y manquer, pour les vendre en état de moutons ; il gardera quelque temps les femelles communes et les métisses dont il se défera successivement, en commençant par les communes et les métisses des premiers degrés, à mesure que le nombre des brebis de race pure s'accroîtra. Parmi les béliers qui naîtront de l'accouplement de la portion des brebis pures alliées avec un bélier pur, il choisira les plus beaux pour ses montes, et disposera des autres, soit en les vendant comme béliers, soit en en faisant des moutons. Quand il aura la quantité de trois cents femelles mérinos, il ne subsistera plus aucune brebis métisse dans son troupeau.

Pour obtenir ce résultat il faudra onze ans, si le propriétaire commence avec douze brebis mérinos ; douze, si c'est avec dix ; treize, si c'est avec huit ; quatorze, si c'est avec six ; et quinze, si c'est avec quatre. Dans le cas où il surviendrait une mortalité qui enlèverait beaucoup de brebis pures, ce qui est rare dans les troupeaux bien soignés, il faudrait attendre une ou deux années de plus pour arriver au nombre de trois cents brebis.

Maintenant la marque sert à reconnaître les générations. Par exemple : bêtes communes, nulle marque ; première génération, un trou à l'oreille droite ; deuxième génération, un trou à l'oreille gauche ; troisième génération, un trou à chacune des oreilles.

Quatrième génération, nulle marque ; il n'y a plus alors de bêtes communes.

Cinquième génération, un trou à l'oreille droite ; il n'y a plus de bêtes de première génération.

Sixième génération, un trou à l'oreille gauche ; il n'y a plus de bêtes de deuxième génération.

Septième génération, un trou à chacune des oreilles ; il n'y a plus de bêtes de troisième génération.

Huitième génération, nulle marque ; il n'y a plus de bêtes de quatrième génération, et ainsi de suite.

La méthode de multiplication en dedans (in-and-in) a été celle du fameux Bakewel ; on l'effectue en faisant reproduire ensemble le père avec la fille, le fils avec la mère, le frère avec la sœur, le cousin avec la cousine.

« Ce système, dit Sinclair, peut être avan-
» tageux lorsqu'il n'est pas poussé trop loin ;
» mais l'expérience a démontré qu'on ne pou-
» vait pas continuer de le suivre avec succès.
» Quoique les animaux conservent leurs for-
» mes et leur beauté, ils finissent par devenir
» chétifs et incapables de propager leur race ;
» il est donc préférable de poursuivre l'amé-
» lioration en employant des individus de la
» même race, mais de famille différente. »

Il est bien vrai que les effets de la consan-
guinité ne sont pas aussi fâcheux pour les bêtes à laine que pour les animaux de travail ; même, dans des circonstances très-favorables,

cette méthode favorise et hâte l'engraissement des moutons ; mais, quand elle dépasse la deuxième ou troisième génération, elle présente les inconvénients signalés par Sinclair.

CHAPITRE VI.

De l'âge auquel il convient d'accoupler le bélier et la brebis.

A dix-huit mois, la femelle du mouton, qui garde le nom d'*antenaise*, reçoit déjà le bélier dans presque tous les troupeaux ; mais il est constant que ces jeunes bêtes, luttées prématurément, vivent moins longtemps que si elles étaient couvertes un an plus tard.

Elles donneraient aussi de plus gros agneaux qui, mieux allaités, croîtraient avec plus de rapidité et acquerraient plus de taille ; ainsi lorsque, sans changer de race, sans augmenter la nourriture, il paraît convenable à l'éleveur d'augmenter la taille de son troupeau, il doit attendre la brebis portière jusqu'à l'âge de trente mois.

Le célèbre cultivateur Charles Pictet fait remarquer, dans sa notice sur la ferme de

Rambouillet, que le soin qu'on a toujours eu de ne laisser porter les brebis qu'à la troisième année, leur laisse prendre ce développement complet que les gestations prématurées contribuent à empêcher ailleurs.

Thaër avoue que celui qui voudra se procurer une espèce grande et vigoureuse fera bien de tenir, jusqu'à la troisième année, les jeunes bêtes éloignées des béliers.

D'un autre côté l'expérience est venue constater que, pour avoir de bonnes laitières pendant plusieurs années consécutives, il ne faut permettre l'accouplement de la brebis qu'à l'âge de deux ans à trente mois.

Morel de Vindé, reconnaissant aussi les causes de dégénération dues à l'emploi des brebis antenaises, avait cherché à les éviter et ses sages préceptes doivent être mis en pratique; ils vont être énumérés d'une manière précise.

Dès que la brebis a six ou sept mois elle commence à avoir les chaleurs et à pouvoir être fécondée; mais alors elle n'est qu'aux deux tiers de sa croissance : l'agneau qu'elle produit reste le plus souvent faible, chétif, et l'agnelle, ainsi devenue mère, profite moins et ne devient jamais une forte et bonne brebis.

Quoique devenue antenaise, c'est-à-dire quoiqu'elle soit arrivée à l'âge de dix-huit mois, elle ne doit pas encore devenir portière, car l'expérience prouve que les produits de ces jeunes mères, qui n'ont pas encore toute leur croissance, sont médiocres, plus sujets au *tournis*, à la *pourriture*, etc., tandis qu'elles-mêmes deviennent encore de moins bonnes et belles brebis que celles qu'on a commencé à ne faire porter qu'à l'âge de trente mois.

A quelqu'âge que l'on commence à mettre les brebis à la monte, les meilleurs agneaux, les meilleures agnelles de rente sont toujours, à quelques exceptions près, ceux et celles que la brebis donne de deux ans et demi à six ans et demi inclusivement; les premiers produits obtenus avant ces époques sont rarement forts et bons; ceux qui viennent à l'âge de six ans, quoique plus beaux que ceux des brebis trop jeunes, n'arrivent point ordinairement à la même beauté que ceux donnés par la brebis dans toute la force de son âge.

Il est bien vrai que, dans certaines circonstances, de vieilles brebis, luttées par des agneaux de six à huit mois, donnent de superbes agneaux; mais cette méthode n'offre quelques avantages que pour l'élève des agneaux destinés à la boucherie; très-souvent même elle dément ce dicton trop vénéré par certains cultivateurs : *les beaux agneaux naissent des agneaux*.

Du reste il y a presque autant d'avantages et beaucoup moins d'inconvénients à se servir pour la monte d'un antenais de dix-huit mois; il est plus fort, et, quoiqu'il n'ait pas encore toute sa croissance, une monte modérée et peu prolongée ne paraît pas nuire à son perfectionnement ni à sa santé. — Aussi ne doit-on pas hésiter, dit avec juste raison Morel de Vindé, à se servir de ces antenais pour supplément de béliers de monte, c'est-à-dire pour soulager les béliers pendant quatre ou cinq jours, alors que ceux-ci ne peuvent pas suffire à l'affluence des brebis en chaleur. — Mais, continue Morel de Vindé, il ne faudrait pas consacrer entièrement un antenais à une monte excessive, longue et continue ; on l'épuiserait, et jamais il ne deviendrait un beau bélier.

L'âge le meilleur pour consacrer un bélier à la monte est de trente mois ; alors toutes ses facultés sont acquises, ses formes fixées, sa santé solide ; il a toute l'ardeur et la force nécessaires, et c'est véritablement l'instant où il faut l'introduire dans le troupeau des portières ; quand il a été bien nourri et bien ménagé dans sa première jeunesse, il donne de magnifiques produits et il sert bien toutes les brebis sans en négliger aucune.

Toutefois il ne possède ces avantages que pendant deux ou trois ans au plus, c'est-à-dire pendant la force de son âge ; quand il a acquis la cinquième année il perd de son ardeur et il en résulte des inconvénients graves pour la complète fécondation des brebis.

CHAPITRE VII.

De la monte.

Cette opération exige une infinité de précautions. — Hors le temps de la lutte, les béliers doivent toujours être séparés des brebis; par ce moyen, toutes sont couvertes et fécondées à la même époque. Le commencement de l'agnelage est à peu près fixé, et les brebis pleines qui rentrent quelquefois en chaleur ne sont pas exposées à avorter par suite d'une nouvelle saillie.

Huit jours avant la monte, il faut conduire les brebis sur les meilleures dépaissances et leur administrer quelques provendes avec des grains et du sel; les béliers subiront le même régime qui, du reste, doit être suivi pendant tout le temps de la monte; à la fin, il sera graduellement supprimé.

En fixant l'époque de cette opération, l'éleveur doit se rendre compte des ressources dont il dispose pour bien nourrir les brebis pleines, les nourrices, pour engraisser ou pour élever les agneaux ; il doit aussi avoir égard à la fixation des foires, des marchés et de la visite des marchands ; mais, s'il s'adonne à la fabrication du fromage de Roquefort, il doit savoir que l'agnelage doit avoir lieu fin mars ou les premiers jours d'avril.

Cependant, sous tous les rapports, la monte précoce, c'est-à-dire celle qui donne les agneaux lors de la première pousse des herbes, est la plus avantageuse ; il n'en est pas ainsi à l'égard des races anglaises : l'agnelage est plus avantageux dans le mois d'août et de septembre.

La lutte ou la monte en liberté qui est la plus usitée présente certains inconvénients que l'éleveur soigneux peut éviter ou du moins amoindrir, surtout celui de la rivalité haineuse des béliers, d'où résulte après de rudes combat l'infécondité ou l'avortement.

Ainsi, dès le début de la lutte, il ne faut jamais introduire au milieu des brebis tous les béliers nécessaires à la fécondation ; il faut diviser le troupeau en lots de quatre-vingts ou cent brebis, mettre ensemble celles qui se ressemblent le plus, qui réclament les mêmes mâles, et donner à chaque lot deux béliers que l'on met un jour l'un et le jour suivant l'autre ; ce repos permet de diminuer leur nombre, et ceux qui font la monte ne peuvent pas se battre ; d'un autre côté, il n'y a pas de sauts manqués et les bêtes sont mieux appareillées.

Dans les grands troupeaux, ce procédé amène sans doute un surcroît d'embarras et de dépenses ; mais alors on peut opérer de la manière suivante, quoique beaucoup moins rationnelle : il faut diviser les béliers en plusieurs bandes, avec cette grande précaution de séparer ceux d'une égale force, car alors les combats, s'il y en a, cessent bientôt : le faible cède. Ainsi, on mettra, au début de la monte, la première bande, composée de deux ou trois béliers, avec les brebis, en les y laissant huit ou quinze jours, selon le nombre des femelles ; cette bande sera relevée par une seconde ; on la retirera au bout d'un temps déterminé, pour faire place à la troisième, sauf à les alterner si les chaleurs se prolongent. Du reste, ces chaleurs sont mieux saisies et satisfaites par les béliers qui ont eu le temps de se reposer et de se refaire ; on pourra même les remplacer, sur la fin de la monte, par deux ou trois béliers antenais qui provoqueront et mettront mieux à profit les troisièmes et les quatrièmes chaleurs de toutes les brebis non encore fécondées.

Malgré de longues et minutieuses recherches, je n'ai jamais pu établir que les phases ascendantes ou descendantes de la lune eussent la moindre influence sur les chaleurs utérines.

La lutte doit durer de soixante à soixante-dix jours ; si l'on veut diminuer ce terme et s'assurer toutes les fécondations, il faut pour cent brebis quatre béliers au lieu de trois.

De ce qui précède il résulte que, dans la méthode précédente, la lutte se faisant en liberté et les béliers couvrant indistinctement, il est impossible de bien appareiller les animaux ; les croisements se font en masse , et , si le troupeau est soumis aux mêmes influences , il devra en totalité s'abâtardir ou s'améliorer selon le cas.

Pour obvier à ces inconvénients , il faudrait prendre des précautions minutieuses et faire la *lutte en main* , comme elle est pratiquée dans l'Allemagne ; mais cette espèce de monte ne peut être conseillée que pour les troupeaux superfins que l'on veut élever au maximum de perfection.

La méthode allemande consiste à pratiquer quelques petites cases tout le long d'un mur qui entoure un enclos ; on y fait entrer successivement les brebis en chaleur ; on y conduit les mâles qu'on leur a destinés et on les retire quand ils ont sailli deux fois ; les brebis sont rendues au troupeau après avoir été marquées ; et , si vers la fin de la quinzaine elles manifestent d'autres chaleurs , on les ramène à la case pour être saillies de nouveau. C'est au moyen d'un jeune bélier d'essai , dit boute-en-train , affublé d'un tablier , que l'on découvre les brebis en chaleur.

CHAPITRE VIII.

De l'agnelage.

Immédiatement après la lutte, aucun signe n'annonce la conception ; mais cet acte vital est toujours certain chez les bêtes à laine en suivant les préceptes sus-énoncés ; du reste les agnêllements doubles compensent les copulations stériles, les avortements et les morts-nés.

Les brebis pleines exigent les mêmes soins, les mêmes rations ou le même pâturage qu'on leur donnait avant la gestation ; elles doivent être maintenues en bon état ; la maigreur et l'excès de graisse sont deux points extrêmes qu'il faut éviter.

On ne saurait trop recommander au berger de prévenir autant que possible toute cause d'avortement.

Enfin, vers la fin du cinquième mois, terme

ordinaire de la gestation, les parties naturelles se gonflent, il s'en écoule une matière épaisse; le pis se remplit de lait; la brebis fait quelques efforts; elle se couche, se relève et bientôt, entre les lèvres de la vulve, on aperçoit une masse conique, formée presque toujours par les pattes et le museau du fœtus.

Le plus ordinairement l'agnelage se fait sans difficulté; le berger, toujours en surveillance, doit alors le laisser marcher seul; mais, s'il est laborieux, il exige des secours qui varient suivant la cause.

Si la brebis a trop de chaleur, de la fièvre, on la saigne; si elle est faible, il faut lui donner une ration de vin de cidre ou d'une infusion aromatique; si l'agneau se présente mal, il faut tâcher de changer sa mauvaise position et de le retourner pour le mettre en état de sortir.

Les mauvaises positions les plus fréquentes sont les suivantes : 1° la mauvaise position de la tête, lorsque l'agneau, au lieu de présenter le bout du museau à l'ouverture de la matrice, présente quelque partie du sommet ou des côtés de la tête, tandis que le bout du museau est tourné de côté ou en arrière; il est alors nécessaire de repousser la tête et d'attirer le museau à l'ouverture de la matrice; le berger doit avoir la précaution de frotter ses doigts avec de l'huile et de tailler ses ongles, pour faire cette opération sans blesser la brebis ni l'agneau.

J'ai observé plusieurs fois que le volume excessif de la tête du fœtus (dit alors *hydrocéphale*) s'opposait à la mise-bas; dans ce cas, il faut s'empresser de sacrifier l'agneau qui, du reste, serait de nulle valeur; à cet effet on perfore le crâne avec la pointe d'un clou; le liquide accumulé dans le cerveau s'écoule, la tête se rapetisse et la parturition a lieu.

2° La mauvaise situation des jambes de devant qui, au lieu d'être étendues en avant de façon que les pieds se trouvent à l'ouverture de la matrice avec le museau, sont pliées sous le cou ou étendues en arrière : si le berger ne voit pas les jambes de devant il faut qu'il tâche de les trouver et de les attirer à l'ouverture; si elles sont étendues en arrière il faut tâcher de faire sortir la tête et puis d'attirer les deux jambes de devant ensemble ou seulement l'une après l'autre.

3° La mauvaise position du cordon ombilical lorsqu'il passe devant l'une des jambes; le berger doit alors tâcher de le rompre.

Quelques heures après que la brebis a mis bas, il faut lui donner un peu d'eau blanche tiède, du son, de l'orge ou de l'avoine, et une bonne nourriture; il faut prendre garde si la mère lèche son agneau pour le sécher; lorsqu'elle ne le fait pas, on répand un peu de sel en poudre sur le petit, et on l'approche de la mère pour l'engager à le lécher par l'appât du sel.

Les brebis qui agnellent pour la première fois sont quelquefois sujettes à négliger leurs agneaux; pour les rendre plus attentives on les sépare du troupeau et on les enferme avec leurs petits dans des cases que l'on construit avec des claies.

Il faut veiller à ce que les agneaux forts

ne volent pas le lait de ceux qui sont faibles ; une chèvre est d'une très-grande utilité dans un grand troupeau pour allaiter les agneaux qui sont sans nourrice ; la mère qui a mis bas deux agneaux peut fort bien les allaiter, si elle est bonne laitière, bien portante et si on la nourrit bien. Dans le cas contraire, il faut ne lui en laisser qu'un.

Après la mise-bas, si le pis est tendre, douloureux, il faut traire la brebis, faire des fomentations adoucissantes sur la partie irritée et lui faire prendre des farines délayées dans de l'eau.

Les brebis nourrices doivent être soumises à un bon régime et ne doivent pas aller dans des pâturages éloignés ; en automne il faut préparer, près de la bergerie, de bons herbages pour la fin de l'hiver ; si l'agnelage a lieu avant la saison de l'herbe, il est indispensable pour avoir beaucoup de lait de donner à la bergerie une ration de pommes de terre ou de betteraves.

CHAPITRE IX.

Des premiers soins à donner aux agneaux; de leur sevrage.

Quatre ou cinq heures après la naissance de l'agneau on doit lui présenter le pis de la mère qu'ensuite il retrouve très-bien par lui-même; si la mère a de la laine sur le pis, ainsi qu'au-dedans des cuisses, il faut tondre ces parties avec soin, car les poils, avalés par les agneaux en tétant, forment souvent, dans les voies digestives, des concrétions très-dangereuses.

Quand les agneaux tétent à des intervalles éloignés, ce qui arrive quelques jours après leur naissance et lorsque leurs mères vont au pâturage, il faut leur donner une bonne nourriture; quelques heures de dépaissance pendant les beaux jours dans un pré bien exposé, sur une céréale bien drue, sont très-favorables; plus tard, quand les agneaux ont pris un

peu de force, on les conduit dans les pâturages ordinaires, avec cette indispensable précaution de fuir les pâturages gras et trop
humides.

L'usage du sel, les grains donnés écrasés ou
ramollis par l'eau, favorisent le développement des agneaux ; on peut même, à défaut
de lait, élever des agneaux en leur faisant
boire de l'eau tiède contenant des farines fines,
délayées, réduites en gelée.

L'époque du sevrage doit varier selon la
force des agneaux et la saison où l'on se
trouve, selon le moment favorable pour les
vendre et selon les bénéfices que l'on doit
retirer du lait des mères.

En général le sevrage des agneaux n'est
pas difficile ; tout en paissant ils prennent
l'habitude de brouter l'herbe fine et ils saisis-
sent à la bergerie quelques brins de fourrage,
ce qui ménage la transition entre les deux
régimes.

Néanmoins, pendant le sevrage, il faut les
conduire dans les meilleurs pâturages, leur

administrer quelques provendes, et, dans le début surtout, les tenir loin du troupeau afin qu'ils n'entendent pas les bêlements des mères ; sans cette précaution ils ne mangent pas et ils maigrissent.

Toutefois on ne doit jamais pousser à la graisse les agneaux que l'on veut garder ; il est rare qu'un agneau très-gras soit doué d'une bonne santé.

Dans l'immense majorité des cas, le sevrage n'a aucune influence fâcheuse sur la brebis que l'on trait.

CHAPITRE X.

De la nourriture du troupeau dans les pâturages et à la bergerie.

La nourriture a une grande influence sur la santé et par conséquent sur la qualité, sur la quantité de la laine, de la viande et du lait; pour arriver à ces fins l'éleveur doit procurer à son troupeau une alimentation saine, variée et suffisante.

Le pâturage, étant dans la plus grande partie de la France le régime le plus usité, exige quelques sages mesures, soit pour son choix, soit pour sa mise en pratique.

Les dépaissances sur des terres sèches, un peu élevées, donnent de la vigueur aux troupeaux, tandis qu'ils s'affaiblissent et dépérissent dans les lieux bas et humides, surtout si le sel leur est donné avec avarice.

Il est très-avantageux de conduire les trou-

peaux sur des terrains d'une exposition différente ; le matin on les fera paître sur ceux
qui sont exposés au couchant, et le soir sur
ceux qui reçoivent le soleil levant : les côteaux
tournés au midi sont précieux pour les parcours de l'hivernage.

Il faut autant que possible varier les herbages ; le lait des brebis augmente en qualité et
en quantité : ce grand avantage est confirmé
par l'expérience dans toutes les contrées qui
concourent à la fabrication du fromage de
Roquefort.

On doit faire consommer sur pied, avec
beaucoup de précautions, les plantes des prairies artificielles afin de prévenir la météorisa-
tion ; pour cela il ne faut jamais conduire
les troupeaux sur de pareilles pâtures que
lorsqu'ils ont fait un parcours ailleurs ; il est
utile d'alterner ainsi plusieurs fois dans la
journée.

On suivra ces mêmes règles en donnant en
même temps une petite ration au râtelier
avant de conduire les troupeaux sur les sols

humides, très-fertiles, brouillardés, couverts de gelée blanche ou de rosée.

Mais, à l'égard de la rosée, il faut faire observer qu'avant l'apparition des rayons solaires, elle n'est jamais nuisible aux bêtes à laine ; il en est de même quand, après la chute de ce météore aqueux, le ciel se couvre, que les vents sont calmes et que le soleil ne se montre pas de toute la journée.

Il est encore utile de faire remarquer que la rosée est moins abondante et plus tôt dissipée sur les sols calcaires que sur les terrains siliceux ou argilo-siliceux : l'explication de ces faits ne pourrait trouver ici une place légitime.

On évitera surtout les dépaissances sur des terres qui ont été inondées, qui sont marécageuses ou qui ont été desséchées par les chaleurs estivales.

Les chaumes des terres siliceuses et les herbes qui croissent à l'alentour sont une bonne nourriture, tandis que le chaume des céréales, dans les pays de grande culture, est nuisible ; il est trop nutritif et il expose les troupeaux *à la maladie de sang*. Dans la Beauce, dans certaines contrées du Midi, on en voit de terribles exemples.

Quelle que soit la nature des herbages, on ne doit pas sortir les troupeaux pendant les temps très-humides. On doit toujours réserver pour les saisons pluvieuses, les terrains secs, en pente, qui s'égouttent facilement et qui fournissent une herbe fine et aromatique.

Pendant l'été, une pluie douce et passagère ne doit pas empêcher la sortie des troupeaux; une radée rafraîchit l'air, les plantes, et les animaux n'en souffrent pas.

En automne, au printemps, le pâturage peut durer la plus grande partie du jour; mais à l'époque des fortes chaleurs, il faut vers le milieu du jour mettre les troupeaux à l'ombre d'arbres touffus ou bien les rentrer dans les bergeries sous des hangars, et les y laisser trois et quatre heures : c'est alors que quelques céréales, semées en juin par un simple hersage, sont d'une très-grande utilité à titre de pâtures.

Le régime de la bergerie doit être examiné sous trois points de vue principaux : qualité, quantité et distribution des aliments.

Les fourrages et toutes les autres substances alimentaires doivent être de bonne qualité, c'est-à-dire récoltés à propos, emmagasinés avec soin et exempts surtout de vase, de rouille, de moisissure, etc.

Les troisième et quatrième coupes des luzernes et des trèfles, les regains des prés, la paille d'avoine, de l'orge nue, de froment, de millet, des lentilles, des gesses, des vesces ; les feuilles du noisetier, de l'orme, du peuplier, du frêne, de l'érable, du hêtre, du chêne, du mûrier, de la vigne et autres ; les graines, les farines, le son, les fruits secs et charnus, les tourteaux, les mûres, les soupes grasses, fournissent aux troupeaux une bonne alimentation.

Et cette bonne alimentation est d'autant plus salutaire et avantageuse qu'elle est plus variée, et que l'on y ajoute par intervalles les grains d'avoine, d'orge, de seigle concassés ou moulus et mélangés à d'autres substances, sous forme de provendes.

Mais il est de la plus grande importance de donner avec modération les aliments secs et surtout de ne pas trop prolonger leur usage : les bêtes à laine ont besoin de prendre constamment de la nourriture verte, fraîche : ainsi, pendant l'hivernage, les racines, les tubercules sont de la première nécessité ; en aliments, la pomme de terre, la carotte, le topinambour, la betterave, etc., sont économiques et indispensables pour entretenir les animaux en santé.

La betterave est surtout salutaire aux brebis pleines et à celles qui ont du lait ; cette racine, à la dose de 1 kilog. par jour, leur est favorable sous tous les rapports, et sa culture n'est pas aussi coûteuse ni aussi épuisante que l'on veut bien le dire. Déjà, dans beaucoup de localités, elle entre pour moitié dans la composition des rations du troupeau : il est à désirer, dans l'intérêt de l'hygiène vétérinaire, que cette méthode, beaucoup moins dispendieuse que la nourriture fournie par le foin et les graines, se généralise.

De nombreuses expériences ont été faites pour connaître la ration d'entretien des bêtes à laine, et l'on peut déduire des faits qui ont été publiés qu'il faut à ces animaux, pour les entretenir, de 35 à 40 grammes de luzerne sèche pour chaque kilog. du poids de l'animal pesé vivant.

On compte ordinairement qu'il faut 1 kilog. de bon foin ou son équivalent, pour entretenir un mouton pendant vingt-quatre heures. A Rambouillet, on donne par jour, à des bêtes à laine qui pèsent terme moyen 42 kilog., 1 kilog. de luzerne et 250 grammes d'avoine.

La Société d'agriculture de Nancy recommande de remplacer le kilog. de foin par 2 kilog. de racines, ou par 1 kilog. de marc de raisin, ou par demi-litre d'avoine, et de mélanger la substance que l'on administre à la paille hachée.

Enfin ces quelques exemples suffisent pour donner une idée de ce que les bêtes à laine peuvent consommer quand on les nourrit bien ; maintenant c'est à l'éleveur à se rapprocher plus ou moins de ces rations, en ayant soin toutefois de remplacer une grande partie des fourrages secs, quels qu'ils soient, par des racines et des tubercules bien nettoyés et coupés ; d'un autre côté, il choisira pour la nourriture habituelle de son troupeau, les aliments qui, venant à moins de frais et prospérant le mieux dans la localité qu'il habite, lui reviennent à meilleur marché.

On doit autant que possible distribuer les fourrages pendant que le troupeau est dehors ; c'est avantageux sous tous les rapports. Si le troupeau sort au milieu du jour, ce qui sera favorable à sa santé, on ne lui donnera que deux repas, un le matin et l'autre le soir, ou seulement un le matin ; s'il ne sort pas, il recevra quatre repas en 24 heures.

Dans le premier mois de l'hivernage, il faut donner les meilleurs fourrages que l'on possède, afin que le troupeau ne souffre pas autant de la perte des pâturages ; cependant il ne faut pas garder pour la fin de l'hiver la plus mauvaise nourriture, il faut la faire consommer d'une manière insensible, dès la fin de l'époque sus-indiquée.

Les troupeaux doivent être abreuvés dans toutes les saisons de l'année. Pour les faire boire, on les fait passer tous les jours à côté de l'abreuvoir, d'une source, d'un ruisseau, sans s'y arrêter, et les bêtes qui ont soif prennent l'eau qui leur est nécessaire ; pendant l'hivernage et pendant les temps pluvieux, on leur donne à boire dans des baquets ; dans ce cas, il faut avoir soin de vider ces vases tous les matins, et de les nettoyer, afin que l'eau ne s'altère pas : dans ces mêmes baquets, il est avantageux de mettre 50 grammes de sulfate de fer par huit seaux d'eau.

CHAPITRE XI.

Du mode d'entretien pour la naturalisation du sang anglais,
formation d'une prairie anglaise.

1° Pendant le printemps et l'été, éviter de
tenir longtemps les troupeaux en voie d'amélioration, exposés au grand soleil et aux vents
secs ; les conduire sur des pâturages abrités
par des bois, des plantations ou des arbres
fruitiers, ou les rentrer sous des hangars pendant quelques heures de la journée ;

2° Compléter leur nourriture, en leur faisant consommer sur place des produits artificiels
de nature aqueuse, comme les mélanges de
luzerne et gramens, trèfle et gramens, céréales vertes, navettes en fleur, etc., etc. ;

3° Pendant l'automne et l'hiver, ne donner
qu'une petite nourriture en grain, et y substituer un tiers de la nourriture en bon foin,
et les deux tiers en racines ;

4° Tenir les troupeaux, pendant les temps rigoureux, dans des bergeries très-bien aérées;

5° Enfin, les défendre seulement contre les dangers d'un tel régime par un peu de sel, ou une très-petite quantité de nourriture tonique.

Maintenant le mode de nourriture indiqué pour traiter, suivant une méthode appropriée aux pratiques anglaises, le troupeau destiné à donner de grands produits en laine et en viande, doit être modifié à l'égard des animaux améliorateurs importés nouvellement d'Angleterre; car, pour avoir un grand nombre d'agneaux et les soutenir dans un bon état de santé, il faut les soumettre à un régime plus tonique et ne pas faire dominer la nourriture aqueuse, qui pousserait trop tôt à la graisse et par conséquent amènerait la pourriture.

Les produits des croisements pourront être soumis au régime premièrement indiqué, parce que, pour ceux-ci, le profit principal consistera dans la vente de la toison, et de l'animal pour la boucherie.

En Angleterre, et aujourd'hui dans quelques localités de la France, on compose une bonne prairie artificielle avec le trèfle blanc, le trèfle rouge commun, le trèfle jaune ou minette, le ray-grass et le persil.

Pour 12 acres de terre (2 acres $\frac{204}{433}$ anglais font notre hectare), on sème du 25 mars au 10 avril, sur un seul labour d'une terre qui a produit des navets, turneps ou rutabagas : 1° 15 stones (chaque stone pèse 14 livres) de trèfle blanc ; 2° 15 stones de trèfle commun ; 3° 3 stones de trèfle jaune ; 4° 3 stones de persil ; 5° 15 décilitres de ray-grass.

Dans les terres très-humides, on met deux livres de persil par acre : le persil a la propriété d'emporter, par les urines, les sérosités causées par la trop grande humidité ; sa qualité aromatique donne un goût excellent à la chair des animaux qui le paissent, et dispose les agneaux à manger plutôt.

On commence par semer seule, demie ou trois quarts de semence d'orge, qu'on herse soigneusement après à grande herse. Ensuite on sème, mêlées ensemble, toutes les graines sus-indiquées, et l'on herse avec la petite herse. L'orge préserve des chaleurs de l'été, et, quand elle est récoltée, on peut déjà juger de ce que deviendra la prairie, qui, dès le mois d'octobre, offre une pâture courte, mais fournie et réservée pour le printemps suivant.

A la deuxième année de cette prairie, dès le mois de mars, on y place toutes les brebis, qui y font le part et y restent plusieurs mois avec leurs agneaux.

A la troisième année, comme la précédente, mais seulement jusqu'en octobre, époque où l'on retourne la prairie pour faire le blé de couvraine, qu'on récolte en août suivant.

A la quatrième année, dès le mois de septembre, un labour *en long*, puis *en travers*, un troisième *en long*, fumer ensuite copieusement, enterrer le fumier par un léger labour, et semer aussitôt les navets, rutabagas ou turneps.

CHAPITRE XII.

De l'influence de certains aliments sur la quantité et la qualité du lait.

Sans doute la nourriture fournie par les prairies artificielles influe sur la grande production de fromage, surtout la bonne nourriture hivernale, puisque sans elle les troupeaux laitiers, dépérissant pendant cette saison par une alimentation insuffisante, reprennent au retour de la belle saison, leur embonpoint perdu, avant de fournir beaucoup de lait.

Mais tous les aliments les plus usités contribuent-ils également à la quantité et à la qualité du lait?

C'est ce que j'ai cherché à établir dans une série d'observations pratiques, en tenant toutefois *un compte approximatif* de l'âge et de l'état de santé des troupeaux, de l'influence climatérique et des brusques variations atmosphériques, de la nature du sol qui fournit les aliments et du bon entretien hivernal, des dépaissances momentanées sur les devois, les jachères et autres parcours où abondent le thym et le serpolet, et enfin de la manière de traire les brebis.

Il résulte donc de mes recherches, et j'espère qu'elles acquerront un jour une exactitude plus rigoureuse, quand elles seront poursuivies à titre d'expériences dans une ferme-école ou ailleurs :

1° Que la luzerne, mangée exclusivement en herbe, fournit un lait d'une saveur agréable, qui donne par brebis de 26 à 27 pour 100 de matière caséeuse et une crême très-blanche : cette matière caséeuse, ou fromage, demande moins de pain moisi que celle fournie par le trèfle ; sa pâte est encore plus sèche et plus ferme ; en cave, elle fait moins de déchet ;

2° Que la luzerne, favorisée par quelques heures de dépaissance, sur des terrains où abondent les plantes aromatiques sus-indiquées, fournit un lait d'un arôme délicieux et riche, en matière caséeuse, de 25 pour 100 ; plus tard, cette matière donne les pains-fromage de la première qualité ;

3° Que le sainfoin ou esparcette, livré en dépaissance exclusive et sans réserve, puisqu'il ne météorise pas, fournit un lait riche en matière caséeuse, de 26 à 27 pour 100 ; elle a moins de saveur et d'arôme que celle fournie par la luzerne, mais elle acquiert aussi ces deux qualités par les dépaissances sur les sols où croissent en abondance les plantes aromatiques ; plus tard, les pains-fromage sont de la première qualité ;

4° Que la minette et la pimprenelle, à quelques légères différences près, en dépaissance exclusive et sans réserve, fournissent un lait riche en arôme et riche en matière caséeuse, de 22 à 23 pour 100 ; en cave, le fromage fait peu de déchet, et il s'y conserve longtemps ;

5° Que le trèfle, mangé exclusivement en herbe, fournit un lait jaunâtre, très-séreux, riche en matière caséeuse de 18 à 19 pour 100, prenant beaucoup de sel, formant une croûte pleureuse, et faisant en cave beaucoup de déchet ;

6° Enfin, que le trèfle, favorisé par quelques heures de dépaissance sur les terrains sus-mentionnés, fournit un lait moins séreux, riche en matière caséeuse de 21 à 22 pour 100, et atteignant le chiffre de 24 pour 100, à l'aide d'une buvée journalière avec le marc de raisin et le tourteau de lin ; on approche encore ce dernier résultat, en donnant au râtelier une bonne ration de fourrages secs.

Toutes ces données approximatives, mais utiles sous tant de rapports, démontrent mon erreur et celle des savants agronomes et naturalistes qui, en publiant des mémoires sur Roquefort, ses caves, son fromage, etc., etc., ont avancé, comme moi, que l'introduction des plantes des prairies artificielles dans la nourriture des troupeaux laitiers, avait altéré la qualité de ce fromage, si justement surnommé *le roi des fromages*.

Je répéterai néanmoins que pendant longtemps cette assertion n'a pas été sans fonde-
ment ; mais, depuis peu d'années, l'observation et l'expérience ont enfin démontré que
l'infériorité du fromage des brebis nourries
avec des fourrages artificiels, ne provenait
que de l'emploi peu judicieux de ces fourrages,
tandis qu'en donnant d'autres aliments, on
obtient un fromage parfait et digne en tous
points de rivaliser avec celui que l'on obtenait
jadis par la dépaissance exclusive sur les pâturages naturels : il faut dire aussi que ces
précieux résultats sont favorisés par les importantes modifications qu'ont subi les pro-
cédés de l'ancienne fabrication.

CHAPITRE XIII.

De la traite.

Cette opération n'est pour ainsi dire généralisée que dans les contrées qui concourent à la fabrication du fromage de Roquefort ; elle commence, en moyenne, trois semaines après la naissance des agneaux, qui sont alors tous vendus pour la boucherie, à l'exception de quelques agnelles destinées à remplacer les vieilles brebis ; elle dure environ cinq mois, avril, mai, juin, juillet et août.

Certes, la bonne nourriture, sa variation, et la grande aération des bergeries, favorisent l'abondante sécrétion du lait, mais la manière de traire les brebis y contribue puissamment.

Chaque brebis doit être traite successivement par trois domestiques placés sur son passage : le premier saisit la brebis, excite le pis en tirant doucement les mamelons, et, au besoin, il lui frappe à plusieurs reprises la mamelle avec le revers de la main ; la brebis arrive ensuite à une autre personne, qui tire autant de lait que possible ; et, enfin, la troisième cherche à exprimer les dernières gouttes restées dans la glande.

Ces opérations successives excitent les mamelles et rendent les brebis excellentes laitières, et cette grande qualité n'altère en rien, dans les troupeaux bien gouvernés, la quantité de la laine.

Le soir, au retour des pâturages éloignés, le troupeau doit se reposer pendant une heure au moins dans les bergeries, ou à l'ombre aux alentours de l'exploitation.

Ce repos, toujours salutaire, surtout à l'époque des grandes chaleurs, ramène la respiration à l'état normal, rafraîchit le pis, et les brebis, reposées à l'aise, donnent plus facilement le lait.

Il est avantageux d'activer la traite, afin que les brebis ne se pressent pas si longtemps les unes contre les autres, et qu'elles jouissent au plus tôt de la tranquillité qui leur est si nécessaire après cette pénible opération ; elle est pénible, car le soubattement du pis le plus modéré, le plus régulier, occasionne toujours des sensations douloureuses et l'engourdissement des membres postérieurs.

On doit recommander de frapper doucement le pis ; les revers de main que lancent avec force sur les mamelles les goujats vigoureux, sont le plus souvent la cause réelle de l'inflammation et de la gangrène de ces organes ; par une traite douce et bien graduée ; par de légers soubattements, on obtient la même quantité de lait.

L'expérience vient de me démontrer enfin que le premier lait extrait du pis est toujours très-séreux, et qu'il devient de plus en plus butireux au fur et mesure que l'on trait la brebis.

Je ferai observer aussi que le lait de la brebis offre très-rarement les altérations qui sont si fréquentes chez la vache.

CHAPITRE XIV.

Des qualités que doit avoir la laine; influence des soins hygiéniques sur ce produit.

M. Yvart, dans son récent mémoire sur la race mérinos à laine soyeuse de Manchamps, donne sur les qualités des laines en général de précieux détails, aussi intéressants pour le cultivateur qui veut choisir la race de bêtes à laine la plus appropriée à son exploitation, que pour celui qui veut nourrir convenablement son troupeau.

« En même temps, dit M. Yvart, que la production de la laine mérinos s'accroît et que sa valeur diminue, cette laine sert à des usages auxquels elle avait été jugée peu propre quand elle était plus rare, et l'industrie manufacturière moins avancée.

» Autrefois, en effet, elle ne s'employait guère qu'après avoir été cardée, et ne servait qu'à la fabrication des étoffes foulées et feutrées, celle des draps surtout; tandis que, soumise au peignage, elle entre aujourd'hui dans la confection d'une foule d'étoffes diverses dont le goût et l'usage augmentent constamment...

» Au point où se trouvent l'industrie manufacturière et l'industrie agricole, deux sortes de moutons mérinos doivent être distinguées: l'une doit fournir la laine destinée à la draperie; l'autre, celle qui est demandée pour les étoffes non foulées. Il faut aux bêtes de la première catégorie une mèche courte, très-tassée et très-élastique. Que la mèche perde de ces caractères, la toison perdra de sa valeur.

» Pour que ces caractères se développent au plus haut degré, le choix de la race ne suffit pas; il faut encore que la toison, qui est d'un prix élevé, ne soit altérée, ni par le parcage ni par la transhumance, ni par une alimentation abondante.

» Le parcage agit d'une manière très-marquée sur la laine fine, très-ondulée, parce que la masse de la laine présente une surface d'autant plus grande que les brins sont plus nombreux et plus minces.

» La transhumance, qui a pour effet d'exposer ces brins aux altérations des corps extérieurs pendant plus longtemps que le parcage, est plus nuisible encore.

» Quant à l'effet produit par l'alimentation, il est incontestable ; une nourriture très-abondante, indispensable pour développer en peu d'années et les vendre le plutôt possible pour la boucherie, s'oppose à l'extrême finesse des toisons, qualité de première importance dans celles qui doivent être cardées.

» Si nous cherchons à apprécier la portée de ces causes d'altération sur les laines plus longues, plus droites, moins fines, employées dans la fabrication, nous leur verrons une influence moins fâcheuse. Si, par le fait d'une nourriture abondante, le brin grossit, il acquiert en compensation une force de résistance très-utile dans le peignage.....

» On conçoit que, placés dans des conditions

nouvelles, les agriculteurs se trouvent dans la nécessité d'étudier avec la plus sérieuse attention tout ce qui concerne les troupeaux mérinos, afin de les diriger en vue d'obtenir, soit la laine la plus convenable au cardage, soit celle qui se prête le mieux au peignage.

» Deux propriétés principales doivent être examinées dans l'étude des toisons; ce sont : l'élasticité de la laine et la résistance qu'elle oppose lorsqu'on cherche à la casser; l'élasticité, qui est mise en jeu quand la laine est soumise aux opérations du cardage et du foulage; son degré de résistance, qui importe au plus haut point quand elle subit l'action du peignage; car alors, loin de se casser, de se mêler et de se feutrer, les brins doivent se ranger parallèlement entre eux, en conservant autant que possible toute leur longueur.

» Au lieu d'être droites, les laines les plus élastiques présentent une série de courbures disposées régulièrement et qui les rendent ondulées. Ces ondulations sont tellement remarquables, que l'on a proposé de les compter, pour mesurer, d'après leur nombre, la qualité de ces laines. On recherche de plus, dans ces laines très-élastiques, la plus grande finesse. Ces différents caractères n'existent au plus haut degré que sur des mèches de peu de longueur.

» Lorsque, après avoir tendu un brin de ces laines au point d'en faire disparaître les courbures, on l'abandonne à lui-même, il reprend aussitôt sa forme première ; on peut répéter plusieurs fois cette manœuvre sans détruire ce genre d'élasticité. Si l'on continue de tirer les deux bouts du brin, on s'aperçoit que, devenu tout-à-fait droit, il s'allonge sensiblement avant de se casser ; enfin, il arrive qu'après leur leur rupture, les deux parties du brin reprennent la longueur et la forme qu'elles avaient avant d'avoir été distendues. Tels sont les caractères les plus saillants des laines les plus élastiques.

» Les laines les plus résistantes présentent de plus rares et de plus larges ondulations ; parfois même elles sont tout-à-fait droites : dans les deux cas, elles sont plus longues, moins fines et moins élastiques ; les brins, moins nombreux, moins rapprochés , rendent la toison moins tassée ; mais ce que la toison perd de poids par la diminution du nombre des brins, elle le reprend très-facilement par leur longueur et leur diamètre plus grands. Il est à remarquer que les moutons mérinos qui portent des mèches longues et résistantes donnent, même généralement après le lavage , plus de laine que ceux qui ont des mèches très-fines, très-courtes et très-tassées.

» Dans l'adoption de l'un ou de l'autre de ces deux types de mérinos , il importe que les cultivateurs tiennent compte des pâturages dont ils peuvent disposer et du genre d'habitation de leurs animaux ; car l'abondance ou la rareté des aliments , et l'utilité qui peut exister , tantôt de faire voyager les moutons pour les faire vivre économiquement, l'été sur des pâturages montueux , l'hiver dans des pays plus bas et plus plats , tantôt de les faire parquer sur des terres pour y déposer des engrais, tantôt au contraire de les abriter pendant toute l'année dans des bergeries ; ces diverses circonstances, dis-je, exercent plus ou moins d'influence sur les deux sortes de laine que nous étudions.

» Lorsque les moutons sont nourris très-abondamment, la laine grossit ; dans le cas contraire, elle s'affine. Rien ne paraît, au premier examen, plus facile que de produire la laine fine. Cependant, les cultivateurs français cherchent rarement à obtenir ce genre de lainage ; c'est qu'en entrant dans les détails pratiques de cette affaire, l'on reconnaît qu'elle perd beaucoup de sa simplicité. La laine fine n'a de qualité qu'autant qu'elle est donnée par des animaux en bonne santé ; il faut donc que la nourriture, sans être abondante, soit suffisante pour que les animaux se portent bien. Il faut aussi déterminer avec soin la ration qui convient à la fois pour entretenir la santé et obtenir de la laine fine. Si, momentanément, la ration reste au-dessous de ce qui est nécessaire pour cette destination, la laine devient malade ; elle s'amincit outre-mesure, s'altère et devient cassante. Rétréci dans une partie de sa longueur pendant le moment de disette, grossi pendant que la nourriture est plus forte, le brin cesse d'avoir la forme cylindrique qui importe à sa qualité. Le régime doit donc produire le même effet pendant toute l'année. Voilà des difficultés dont il faut tenir compte ; mais ce n'est pas tout.

» En supposant que, dès leur naissance, les animaux soient soumis à un régime peu abondant pour donner la laine la plus fine, leur croissance devient nécessairement lente ; il résulte de cette lenteur dans leur accroissement, que les moutons ne peuvent être engraissés avant un âge avancé, et qu'ainsi ils ne produisent plus autant pour la boucherie que si, dès leur jeunesse, ils eussent été fortement nourris.

» Il convient enfin de calculer l'importance relative de la dépréciation des laines plus ou moins fines par l'effet des agents extérieurs. Toutes les laines exposées à l'action alternative de l'humidité et de la sécheresse , ainsi qu'au contact des matières étrangères et notamment de la terre , ont l'inconvénient de durcir. Cet effet s'observe sur les laines de finesse moyenne comme sur celles de grande finesse ; mais il est d'autant plus marqué sur ces dernières , que la surface de l'ensemble des brins augmente en proportion de l'affinement des toisons. Qu'arrive-t-il , en effet, lorsqu'il existe des brins très-fins et très-nombreux ? Il arrive évidemment que , par cette division très-grande de la masse de la laine sécrétée , cette masse offre une surface très-étendue , composée des surfaces d'une multitude de petits cylindres. Si par leur rapprochement entre eux les brins de laine laissent alors pénétrer difficilement l'eau et les corps étrangers , particulièrement la poussière, ils conservent aussi plus longtemps ces corps qui contribuent à leur altération. Si l'on ajoute que cette altération , qui a lieu sur la surface la plus grande, s'exerce sur les laines qui ont la plus grande valeur, car les laines fines valent plus que celles qui sont grosses, on aura la mesure approximative de la détérioration des unes et des autres.

» Ainsi s'établissent ces principes : 1° la laine mérinos, très-fine , très-élastique , la plus convenable à la carde, ne s'obtient aisément que sur des pâturages sains et peu abondants et au moyen d'un régime à peu près aussi nourrissant l'hiver que l'été ; 2° cette production nuit à celle de la viande ; 3° elle n'a lieu dans les meilleures conditions qu'autant que les animaux sont abrités le plus longtemps possible dans des bergeries , contre l'action nuisible de la pluie, de la sécheresse , ainsi que de la terre et des sables qui s'attachent aux toisons.

» Si les pâturages sont abondants, et c'est ce qui arrive quand les cultivateurs possèdent dans un sol fertile beaucoup de prairies artificielles , si les moutons sont recherchés pour la boucherie , si les cultivateurs sont obligés de laisser leurs moutons en plein air, ainsi que cela a lieu pendant toute la transhumance et pendant la saison du parcage, la production des laines très-fines peut ne pas être avantageuse.

» Il est alors souvent d'une bonne économie rurale de préférer aux mérinos peu nourris, d'un accroissement lent et d'une petite taille, qui donnent les laines les plus fines et les plus chères, des mérinos plus nourris, plus productifs pour la boucherie. On tend aussi, par ce moyen, à compenser la diminution de la qualité de la laine par l'abondance de la toison ; pour pouvoir produire avec bénéfice une matière de moindre valeur, on cherche à l'obtenir en plus grande quantité.

» Quand les laines longues mérinos n'étaient pas encore demandées pour le peignage par beaucoup de manufacturiers, des cultivateurs s'attachaient à obtenir de lourdes toisons par le grand développement qu'ils cherchaient à donner à la peau du mouton. La nature présente, dans la race mérinos, quelques animaux qui ont une peau plissée sous le cou, près de la rotule et sur les fesses ; ces moutons portent plus de laine que si la peau avait une surface moins grande. Certains cultivateurs ont recherché les béliers dont la peau était très-

5

plissée, et ils n'ont pas tardé à rendre héréditai-
res les plis du derme ; mais, s'ils sont parvenus
ainsi à augmenter le poids des toisons, ils ont
gâté une partie de ces toisons, et de plus
ils ont déterminé les qualités recherchées dans
les moutons sous le rapport de la boucherie.

» En effet, de singulières modifications se
remarquent alors dans la texture de la peau
et de la laine qu'elle sécrète ; la peau devient
bientôt blanche, sèche et fort épaisse à l'endroit
des plis ; la laine aussi y devient dure, très-
raide et tellement inférieure à celle des bonnes
parties de la toison, qu'elle a très-peu de valeur.

» Une seconde observation, à laquelle donnent lieu les moutons dont la peau est plissée,
offre plus d'importance. Toutes les fois que
l'on augmente l'étendue de la peau, on s'expose à accroître l'étendue de la membrane qui
tapisse les voies digestives. Ce résultat se re-
marque dans l'espèce du bœuf comme dans
celle du mouton. Que l'on considère les animaux qui ont beaucoup de fanon et une peau
plissée, et l'on s'assurera que, par suite de l'éten-

due de la membrane digestive, ces animaux
ont généralement un ventre très-gros. Le genre
de nourriture influe bien de son côté sur le
développement du ventre ; des aliments très-
nutritifs sous un petit volume en diminuent
la capacité ; des aliments peu nourrissants
l'augmentent au contraire ; ce que je veux dire
seulement, c'est qu'à nourriture égale les
animaux dont la peau a beaucoup d'étendue
sont disposés à avoir un tube intestinal très-
développé ; la capacité prise par l'abdomen
nuit à celle de la poitrine ; l'inclinaison qui
existe sur les parois inférieures du ventre, depuis le pubis jusqu'au sternum, fait peser les
organes digestifs sur le diaphragme, et rend
la respiration moins étendue ; l'expérience
prouve que les animaux ainsi construits restent plus petits que ceux qui ont une conformation différente, et coûtent plus à engraisser. C'est un fait connu de beaucoup de
cultivateurs, et qui est apprécié notamment
de tous les éleveurs anglais ; car toutes les
races de boucherie de nos voisins n'ont jamais

la peau plissée et le ventre démesurément développé aux dépens de la poitrine.

« Convaincus par l'expérience que les moutons dont la peau est plissée ont les graves défauts sus-indiqués, la plupart des cultivateurs ne cherchent plus à obtenir de lourdes toisons par l'emploi des béliers de cette sous-race ; le moyen qu'ils préfèrent consiste dans l'usage des béliers dont la toison a tout le tassé que comporte une laine aussi longue. Ces moutons peuvent être nourris abondamment sans aucun inconvénient, parce que, si la laine perd de sa finesse, elle acquiert en compensation beaucoup de force de résistance, et que, d'ailleurs, la nourriture contribue au développement rapide des animaux. »

Ici se terminent les préceptes de l'honorable inspecteur général des bergeries nationales ; j'ai cru devoir les rapporter textuellement, dans la crainte que l'analyse ne les altérât ; ils sont le résultat d'une longue et saine expérience ; tous les éleveurs devraient les connaître et surtout les apprécier.

CHAPITRE XV.

De la tonte.

Dans une grande partie de la France, on pratique la tonte dans les environs de la Saint-Jean ; quinze jours plus tôt dans le Midi, un mois plus tard dans le Nord.

On avait proposé de tondre les troupeaux tous les deux ans, des expériences même ont été faites à ce sujet; mais il en est résulté que la tonte annuelle était plus avantageuse.

D'un autre côté, on a essayé deux tontes dans le courant d'une année; la seconde, ne pouvant avoir lieu qu'à l'entrée de l'hiver, a présenté de graves inconvénients, même dans le Midi, à moins d'une stabulation permanente, régime qui, jusqu'à ce jour, n'est reconnu profitable que pour de petits troupeaux.

La tonte annuelle est donc indispensable à la santé des bêtes à laine, surtout à la santé des agneaux, dans les pays chauds; pour la pratiquer, il faut choisir un beau jour, calme et serein; en même temps, il faut prendre des précautions pour ne pas exposer subitement les animaux tondus ni au froid ni à la pluie; ainsi, pendant les premiers jours de la tonte, on sortira le troupeau un peu tard, et, si le temps est mauvais, on le laissera dans la bergerie. L'oubli de ces préceptes a quelquefois donné lieu à des mortalités désastreuses.

Il survient encore des maladies graves, quand certains cultivateurs déloyaux cherchent à imprégner la laine de matières étrangères, pour augmenter le poids de la toison vendue en suint; à cet effet, quelques jours avant la tonte, ils entassent les bêtes dans une bergerie exiguë et bien close, et, au sortir de cette étuve, ils les font courir à travers la poussière.

Le lavage à dos, avant de pratiquer la tonte, très-répandu en Angleterre, en Saxe et même en Russie, est encore rare en France; néanmoins, il serait en général très-avantageux de l'adopter : l'expérience a prouvé que les bêtes à laine lavées ne souffrent pas de cette opération, et que la laine, ainsi nettoyée, se vend plus cher et est recherchée par le commerce ; aujourd'hui, toutes les laines étrangères arrivent lavées à dos.

Cette opération consiste à laver les animaux les uns après les autres, soit dans un réservoir, soit dans une eau courante ; on choisit un beau jour ; on place les bêtes lavées, d'abord au soleil, hors de la poussière, ensuite on les fait rentrer dans une bergerie bien aérée, sèche et garnie d'une litière bien propre ; on continue ces soins jusqu'à la tonte.

On ne doit pas pratiquer le lavage à dos sur les brebis laitières ; la sécrétion du lait diminue pendant la durée de cette opération.

Pour la propreté du lait, il importe de tondre, dès les beaux jours du printemps, la queue, le dedans des cuisses et le pourtour du pis ; par ce moyen on empêche aussi les agneaux qui tètent d'avaler les brins de laine qu'on voit parfois autour des mamelons.

CHAPITRE XVI.

De la manière de conserver la laine.

Il y a du profit pour l'éleveur à livrer sa laine immédiatement après la tonte, parce qu'en se séchant elle fait du déchet.

Mais quand le défaut de débit ou le bas prix de cette denrée oblige à attendre un temps plus favorable, il faut faire enlever les crottes et les matières graisseuses sujettes à la corruption, bien sécher les toisons avant de les mettre en paquet, et les placer en pile dans un local frais et sec en même temps.

Quand l'emmagasinement est trop long, les attaques des chenilles-teignes sont à redouter ; ces insectes se voient depuis la fin d'avril jusqu'en octobre ; ils voltigent dans les magasins où les laines sont déposées ; pendant tout ce temps, ils y déposent des œufs, d'où sortent en octobre, novembre et décembre, de petites chenilles qui rongent les filaments de la laine. C'est en mars et avril, et dans les mois suivants, qu'elles font le plus grand dégât, parce qu'alors elles ont pris leur accroissement.

On reconnaît que la laine est dégradée par cet insecte, en ce que les filaments sont coupés et en ce qu'on trouve, en déployant les toisons, de petits fourreaux (de la longueur de 8 ou 10 millimètres qui renferment les insectes) épars sur les toisons, comme on les trouve sur les habits de drap que ces animaux rongent également.

Il est difficile de se garantir entièrement de ces dégâts ; mais on peut les éviter en partie : on a proposé plusieurs moyens, tels que l'odeur pénétrante de certaines substances, les vapeurs sulfureuses très-concentrées qui tuent les insectes en laissant à la laine une odeur désagréable.

Le moyen le plus sûr de préserver la laine des ravages des insectes est de faire la guerre à leurs papillons. On blanchit les murs et les planchers des magasins ; on bat ensuite la laine à plusieurs reprises, les papillons fuient, ils se posent sur les planchers et sur les murs où on les écrase, en prévenant ainsi leurs pontes funestes.

Des spéculateurs ont constaté l'efficacité de ce moyen, et ils ont renoncé à l'emballage des toisons dans des saches de toile très-épaisse, qu'ils tenaient même à l'abri de l'air et de la lumière.

CHAPITRE XVII.

De l'engraissement.

Dans le choix des bêtes à laine destinées à l'engraissement, il faut toujours préférer celles qui sont jeunes et en bonne chair, qui ont été châtrées dans le jeune âge et qui sont douées d'une bonne conformation, d'une petite ossature; avec ces principales conditions, l'engraissement est très-avantageux, surtout quand le cultivateur a de l'habileté pour vendre et acheter, quand il pousse cette opération avec rapidité et qu'il renouvelle souvent le troupeau d'engrais; car les animaux que l'on garde pendant une année entière paient rarement leur nourriture, soit à la bergerie, soit au pâturage.

L'engraissement *au pâturage* demande des dépaissances peu éloignées des bergeries ou des hangars, afin de les mettre au besoin à l'abri des fortes chaleurs, du froid et de la pluie; pour activer cet engraissement et pour obtenir une graisse de bonne qualité, il faut varier les pâturages et rechercher surtout ceux dont l'herbe est un peu humide, tendre, succulente et sapide.

L'engraissement *à la bergerie*, très-rarement mis en pratique, demande la tonte des animaux, des bergeries spacieuses, propres, mais modérément aérées et même un peu humides; cet engraissement peut s'effectuer avec tous les fourrages secs et les divers aliments indiqués en parlant *de la nourriture des bêtes à laine*, etc.; les boissons doivent alors être données à discrétion; l'excès de liquide rend, il est vrai, les animaux cachectiques, mais il pousse beaucoup à l'engraissement, sans nuire aux qualités de la viande.

Des éleveurs du plus grand mérite ont voulu fixer les rations des bêtes à laine engraissées à la bergerie; aujourd'hui, l'expérience apprend que la meilleure manière est de leur donner des aliments tant qu'ils peuvent en manger, en ménageant toutefois l'emploi des légumineuses.

L'engraissement *mixte* est la méthode la plus généralement usitée, et peut-être la plus avantageuse ; à ces fins, on met les animaux en bon état dans des pâturages fertiles ; on les conduit dans les prés, dans les chaumes, dans les herbages, et on leur distribue au râtelier des raves, des navets, des choux, des tourteaux, des grains, des racines, des tubercules, etc.

L'engraissement des agneaux se fait principalement avec le lait des brebis, et c'est en nourrissant bien celles-ci avant le part et pendant l'allaitement qu'on abrége l'opération ; il faut donner aussi à ces jeunes animaux des farines d'avoine, de pois, de fèves délayées dans de l'eau ou même dans du lait ; on peut encore leur administrer des grains écrasés ; une pierre de craie, mise à leur portée et qu'ils lèchent avec avidité, favorise leur engraissement.

On estime la graisse du mouton, à la vue, par l'écartement des fesses et la grosseur de la queue, au toucher, en palpant les reins, et l'on préjuge de son poids en le soulevant des deux mains.

Avant de terminer ce chapitre, je crois devoir transcrire la méthode d'un boucher allemand, fort habile engraisseur de moutons.

Ce boucher n'achetait jamais en bloc un troupeau destiné à la boucherie, parce que souvent il y avait trouvé des bêtes qu'on ne pouvait amener à bien; il choisissait tous ces moutons; il fallait qu'ils eussent au moins trois ans et demi; quand ils étaient plus âgés, c'était encore mieux, pourvu qu'ils n'eussent pas perdu une partie de leurs dents. En effet, lorsque les moutons sont trop jeunes, ils ne donnent pas de suif; s'ils sont trop vieux, ils ne peuvent pas broyer convenablement leur nourriture, les parties nutritives sont perdues en grande partie, et leur santé s'altère; ou, s'ils se portent assez bien, pour qu'on ne craigne pas de les perdre, il leur faut un long temps pour engraisser, et leur engrais devient trop cher.

Après l'âge, il donnait une grande attention à la conformation extérieure qui indique la propension à la graisse. Il ne prenait que des moutons déjà en bon état, sachant bien que les bêtes sèches et maigres qu'on engraisse promptement ne donnent pas une chair succulente, et qu'une livre de viande qu'on a obtenue par la pouture ou à la bergerie revient plus cher que celle que l'on achète avec l'animal avant l'engrais.

Après avoir choisi ses moutons, le boucher les classait dans trois divisions : la première renfermait ceux qu'il venait d'acheter ; il mettait dans la deuxième ceux qui mangeaient le mieux, à qui la nourriture profitait et qui étaient disposés à prendre graisse ; parmi eux, il choisissait de temps en temps les plus gros pour les mettre dans la troisième division, la seule où il allât prendre les bêtes pour la tuerie.

La première division n'était affourrachée que trois fois par jour : le matin, on donnait du foin ou de la paille de pois ou de lentilles ;

à midi, des lavures ou résidus de brasseries, mêlés de paille hachée ou de feuilles de choux hachées, et du sel avec le fourrage; le soir, de la paille d'orge. Il ne les engraissait qu'à mesure de ses besoins, parce qu'il lui aurait trop coûté pour les entretenir en cet état, s'ils y étaient parvenus trop tôt. Les moutons qui ne devaient passer à la tuerie qu'après Pâques, étaient tondus l'hiver, leur laine croissant à vue d'œil : cette opération lui procurait, non-seulement un gain qui payait une partie de son fourrage, mais elle était aussi fort avantageuse à la santé des moutons.

Les moutons, passés de la première division dans la deuxième, recevaient une ration très-nourrissante, qui leur était donnée toutes les deux ou trois heures, selon la facilité qu'ils avaient à la digérer, et toujours par petites portions. On distribuait alternativement la nourriture la plus facile à digérer et celle qui l'était le moins : cette dernière consistait en grains de toute espèce, seigle, pois, orge, etc.; la première consistait en racines, navets, carottes, pommes de terre, panais ; ces racines étaient hachées et mélangées avec des marcs de brasserie, un peu d'orge et de paille hachée. On n'oubliait pas le sel dans cet affourragement ; on le donnait même par forte portion, mélangée avec les rations ou sans mélange. On observait très-soigneusement de donner une très-petite portion de chaque aliment, parce que souvent une partie des moutons se retirait, et l'autre mangeait trop.

Quand on avait choisi les plus gras dans la deuxième division, on en faisait passer un certain nombre dans la troisième et on continuait de les nourrir de la même manière. La dernière étable était très-éclairée, ce qui facilitait le boucher pour apercevoir les moutons qui se retiraient les premiers de la nourriture qu'ils aimaient le mieux. Il les marquait sur-le-champ, parce que c'était pour lui la preuve qu'ils étaient parvenus au point d'engrais dont ils étaient susceptibles.

L'expérience m'a démontré que cette méthode était excellente : on devrait la pratiquer dans beaucoup de localités.

Enfin, j'ai souvent observé, du moins sur des races indigènes ou améliorées par les mérinos, que l'abondante sécrétion laiteuse, que la bonté de la chair et une grande disposition à l'engraissement étaient nuisibles à la finesse de la laine ; on pense généralement que ce fâcheux résultat disparaîtra par les croisements avec la race anglaise.

CHAPITRE XVIII.

De l'administration du sel.

Dans une foule de circonstances, l'éleveur doit employer des assaisonnements ou *condiments*, pour rendre la nourriture plus fortifiante, et pour engager le bétail à en prendre une plus grande quantité, soit pour réparer ses forces, soit pour finir l'engraissement et hâter le développement des agneaux.

Parmi tous les animaux domestiques, les bêtes à laine sont celles qui réclament le plus impérieusement les condiments, à cause des maladies vermineuses et cachectiques auxquelles elles sont si souvent exposées.

Le meilleur des assaisonnements est le sel. De tous les temps, on a prôné et reconnu sa grande utilité, et le gouvernement, qui l'a dégrevé d'une partie d'un impôt si onéreux pour les campagnes, a rendu à l'agriculture un immense bienfait.

Dans plusieurs cas, le sel doit être donné avec beaucoup de modération : administré à de trop fortes doses, il agit comme un poison et peut faire périr l'animal en peu de temps; il est reconnu encore, que lorsque les aliments sont très-nourrissants et d'excellente qualité, tels que ceux des sols calcaires, il faut diminuer la dose du sel, et l'augmenter quand les troupeaux sont maigrement nourris et qu'ils habitent des contrées basses, humides et souvent brouillardées : néanmoins on peut fixer, en moyenne, la dose par jour, à 40 grammes pour chaque tête du troupeau.

On peut administrer le sel de différentes manières : en le donnant à la main, en en saupoudrant les fourrages, en le faisant dissoudre dans l'eau pour en asperger les aliments secs ou verts, en le mêlant à d'autres substances, telles que le son, l'avoine, la suie de cheminée, les graines de genièvre, etc.

Mais il est préférable de suspendre à certai-

nes distances, suivant la dimension des bergeries, un plus ou moins grand nombre de
sachets remplis de sel : de cette manière, cette
substance est nuit et jour à la portée des animaux ; le faible succède au fort pour lécher,
et chacun prend le sel à l'état liquide, avec
modération et aussi souvent qu'il le désire.

On peut substituer à ces sachets de petits
blocs de sel gemme, avec cette grande précaution d'en suspendre aussi un nombre suffisant,
afin de diminuer les effets de la concurrence,
et que les animaux qui en ont le plus de besoin puissent y arriver.

On pourrait bien remplacer le sel par les
cendres, l'eau ferrugineuse, l'urine, les eaux
minérales, l'antimoine, etc.; mais aujourd'hui
le prix très-modéré du sel et ses grands avantages doivent lui laisser la préférence.

CHAPITRE XIX.

Du berger, du chien, des sonnettes, de certains préjugés.

Généralement les bêtes à laine ne donnent de bénéfices, que si le troupeau est assez nombreux pour occuper au moins tout le temps d'un gardien; car alors le gage de ce dernier est réparti sur le produit de tous les animaux confiés à ses soins.

D'un autre côté, il ne faut pas que le troupeau soit considérable; le berger doit en connaître tous les individus, distinguer tous les agneaux, afin de pouvoir suffire à tous les besoins de l'agnelage, de l'allaitement, etc.

Ainsi, s'il est vrai de dire qu'une bonne bergerie est un point important pour la réussite d'un troupeau, il sera aussi très-exact d'ajouter que cette réussite dépend de la précaution d'en confier les soins à un berger expérimenté ; par conséquent, il faut porter une grande attention dans son choix.

Le berger doit être fidèle, fort, robuste, doux, intelligent, courageux, adroit, observateur même ; il doit avoir la connaissance de son métier, c'est-à-dire, apprécier l'âge et les signes de santé, d'après lesquels on fait choix dans son troupeau des bêtes à conserver ou à engraisser : il doit savoir diriger l'accouplement, la lutte, la préparation et la distribution de la nourriture, la dépaissance et le parcage ; il doit être prêt à pourvoir aux cas de maladies ou d'accidents ; il doit connaître la préparation et la composition de certains médicaments ; il est à désirer qu'il sache lire et écrire, qu'il connaisse les plantes nuisibles ; il doit enfin savoir dresser les chiens.

De son côté, le cultivateur doit se l'attacher en flattant son amour-propre, en le nourrissant bien, en le payant et en l'habillant d'une manière convenable ; il doit lui accorder une prime quand il la mérite, lui interdire la faculté d'avoir des *hivernes* dans le troupeau qu'il soigne, et surtout ne lui donner aucun produit sur la dépouille des bêtes qui périssent ; enfin, tout en le consultant, il doit le surveiller.

Le chien, destiné à faire la chasse au loup, est le chien *mâtin* ; le berger doit les dresser dès leur bas-âge ; les chiennes sont préférables, elles sont plus courageuses ; elles doivent être toujours armées de colliers hérissés de pointes de fer : le chien destiné à la conduite du troupeau, est appelé *chien de berger*, *chien de brie*, *la brie*, du nom de la province où l'on trouve les meilleurs.

Le chien de brie doit être accoutumé de bonne heure à l'obéissance ; ne point être trop vif, sans quoi il fatigue le troupeau ; ses dents ne doivent pas être trop acérées : le berger doit seul lui donner à manger, car alors il lui apprendra aisément à s'arrêter, à se coucher, à aboyer, à cesser d'aboyer, à se tenir à côté du troupeau, à en faire le tour, à aller et venir sur un même côté, et à saisir un mouton par l'oreille ou par le jarret, au premier commandement qui lui est fait par la voix ou par un geste.

Les sonnettes qu'on place au cou des bêtes à laine sont utiles pour faciliter la garde des troupeaux ; elles servent de guide et de point de ralliement à l'approche du loup. Ordinairement les bergers les achètent trop lourdes ; elles fatiguent les animaux : il faut qu'elles soient petites, légères et à timbre varié, afin d'établir une harmonie qui, mariée au son du hautbois, plaise évidemment aux bêtes à laine quand elles paissent.

C'est surtout parmi les vieux bergers que sont accrédités certains préjugés, très-souvent funestes à la santé des troupeaux.

Les uns, croyant que le premier lait est nuisible aux agneaux, s'empressent de traire la mère sitôt que le petit est né, tandis que c'est à celui-ci à le faire ; puisque ce premier lait, loin d'être une cause de maladie, est au contraire d'une grande utilité pour chasser une matière noirâtre appelée *méconium*, qui se ramasse dans les intestins avant la naissance.

Les autres, pour conjurer *le mauvais sort* du troupeau, sacrifient sur-le-champ et brûlent la brebis-mère qui quelquefois, après un part laborieux, mange avec saveur l'arrière-faix utile peut-être pour ranimer ses forces.

Ceux-ci laissent séjourner les bêtes à laine, pendant des semaines entières, dans des bergeries infectes, chaudes et vaporeuses, en affirmant *que la chaleur nourrit autant que le foin.*

Ceux-là enterrent sur le seuil de la porte de la bergerie un animal mort des suites d'une maladie contagieuse, dans l'idée *de détruire le fléau dévastateur.*

Je n'en finirais pas si je voulais continuer de pareilles citations et établir le chiffre de la mortalité que leur pratique affligeante a occasionnée ; mais, en énumérant ces principaux méfaits, je fais ressortir encore l'importance raisonnée du bon entretien des troupeaux, et surtout l'importance de ne jamais les confier, ni à un berger trop jeune, ni à un berger trop vieux.

Le premier peut commettre tous les jours

des imprudences souvent désastreuses ; le second, fier de ses préjugés et de sa routine,
se cabre contre toute amélioration nouvelle,
soit à l'égard de la nourriture, soit à l'égard
des croisements, et emploie quelquefois des
moyens coupables pour prouver plus tard *qu'il
avait raison.*

CHAPITRE XX.

Des bergeries; moyens de les assainir, de les désinfecter.

Les bergeries sont utiles sous le rapport de la santé, de l'engraissement et de la production des laines et du lait.

Les éleveurs anglais, il est vrai, n'ont pas de bergeries pour leurs troupeaux; mais si le temps est mauvais, les brebis et les agneaux sont abrités : ce régime leur offre de bons résultats, les animaux sont plus robustes.

En France, Daubenton avait voulu supprimer les bergeries, mais il a eu peu d'imitateurs; notre climat est trop chaud en été, trop froid et trop humide en hiver, et notre température est trop variable surtout au printemps et en automne.

Néanmoins on doit répéter sans cesse aux cultivateurs que, si les bêtes à laine doivent être abritées, il ne faut pas croire qu'elles aiment des bergeries chaudes, hermétiquement fermées : leur tempérament lymphatique exige un air pur, sec, vif, tonique et abondant, tout en les garantissant de la chaleur et du mauvais temps.

Ainsi dans les bergeries bien aérées, l'animal conserve sa vigueur, sa laine est plus élastique, plus brillante, et son lait est plus riche en qualité et en quantité, tandis que l'on observe le contraire dans celles qui sont chaudes et chargées de vapeurs.

Les bergeries doivent être placées autant que possible sur une pente douce, légèrement inclinée à l'est et au midi : on ne doit jamais les construire ni sur le sommet des montagnes froides, ni dans les plaines humides ; si l'on ne peut pas disposer d'un terrain sec, dit Teissier, dans son *Instruction sur les bêtes à laine*, on doit le rendre tel, en remplaçant l'argile ou la terre franche de la surface par du gravier ou du mâchefer.

La plupart des anciennes bergeries sont mal situées et mal construites, et les nouvelles devraient s'élever d'après le plan de celle de Grignon. Elle est formée de deux rangs de pilastres en maçonnerie brute qui, concurremment avec deux rangs de poteaux en bois, supportent la charpente. Les espaces de 2 mètres 80 centimètres de largeur, restant entre les pilastres, sont remplis jusqu'à 1 mètre 30 centimètres de hauteur par de petits murs dans lesquels sont pratiquées des portes; le reste de la hauteur, jusqu'au sommet des pilastres, est occupé par de simples châssis qu'on recouvre de paillassons : ceux du nord en hiver, ceux du midi en été.

Les deux extrémités de cette bergerie sont fermées par des murs pleins qui forment pignons, dans lesquels sont pratiquées deux portes charretières , pour le passage des voitures qui rentrent le fourrage et qui sortent le fumier. Le plancher est élevé à 3 mètres 55 centimètres au-dessus du sol.

La salubrité de cette bergerie est assurée par la facilité que l'on a d'aérer à propos au moyen des châssis, et par la masse d'air qui circule dans tout un bâtiment, d'une élévation de 3 mètres et demi, de 44 mètres 70 centimètres de longueur, sur une largeur de 16 mètres dans œuvre, et de 21 mètres d'un bord de toit à l'autre. La bergerie est divisée intérieurement par des râteliers doubles, occupant les espaces compris entre les poteaux de chaque travée : les divisions qui en résultent peuvent contenir, chacune, de cinquante-cinq à soixante-dix bêtes, selon le sexe, la taille des individus. Ces nombreux compartiments permettent de soumettre chaque lot du troupeau au régime qui lui convient.

Maintenant, si le cultivateur adopte un tout autre plan, il ne doit jamais négliger de donner à la bergerie, une assiette sur une pente douce ; les portes et les fenêtres seront larges, constamment ouvertes ou fermées avec des grillages ; il y établira des compartiments, afin de séparer, au besoin, les mâles des femelles, les agneaux des mères, et les bêtes souffrantes de celles qui se portent bien ; il donnera à cette bergerie les dimensions voulues; à cet effet, il ne doit pas ignorer que, pour être à son aise, la brebis portière occupe avec son agneau 3 mètres 30 de superficie ; que chaque bête adulte devrait occuper seule et sans agneaux 2 mètres de superficie; que le développement des râteliers doit donner à chaque adulte femelle 30 centimètres de place au râtelier et 40 centimètres à chaque adulte mâle.

Cette bergerie doit être pourvue de crèches et de râteliers : ces meubles sont indispensables ; on doit les disposer de manière que les animaux puissent prendre leur nourriture, tout en les empêchant de la perdre ; leur construction ne mérite aucun détail.

Il est très-avantageux de tenir les bergeries en bon état de propreté ; on enlèvera le fumier sitôt que l'odeur commencera à être forte, en été surtout ; on renouvellera souvent la litière, et on en recouvrira la terre et le gazon que l'on y porte.

Maintenant si le cultivateur, par son manque de fonds, ou bien par le mauvais vouloir du propriétaire de l'exploitation, ne peut pas détruire les anciennes bergeries, qui sont très-vicieuses, pour en construire de nouvelles, ce qui serait peu dispendieux, il pourra sans doute pratiquer des ouvertures sur les côtés, et, en élargissant celles qui existent, il pourra enfin construire des *cheminées d'appel.*

Ces cheminées se construisent facilement et à peu de frais : on perce dans le milieu du plancher ou de la voûte, ordinairement entre deux poutres, car les voûtes sont rares, une ouverture de 50 centimètres de diamètre ; une semblable ouverture doit être également faite au toit, vis-à-vis de celle-ci ; on prépare, avec plusieurs planches de sapin, un conduit analogue à l'ouverture déjà faite au plancher, et assez longue pour traverser le toit et s'élever de plusieurs centimètres au-dessus.

Ce simple appareil établit un courant d'air, de bas en haut, qui entraîne au-dehors l'air chaud et les vapeurs irritantes, en entretenant dans la bergerie un air tempéré : pour un local de cent vingt-cinq brebis, il faut construire deux cheminées d'appel.

Quand on craint l'approche d'une maladie contagieuse, ou bien quand on a des doutes sur la nature d'une maladie qui vient de faire périr un animal, il faut recourir à la fumigation suivante; elle est plus efficace que la fumigation avec le chlore.

Avant d'en faire usage, il faudra ouvrir les portes et fenêtres de la bergerie pour établir des courants d'air, et la ventiler ainsi pendant trois ou quatre jours.

Les portes et fenêtres seront ensuite fermées et calfeutrées pour procéder à la désinfection. Dans ce but, on mettra dans un pot de terre vernissé soixante grammes de sel de nitre, que l'on placera au milieu de la bergerie sur un réchaud contenant des charbons allumés; on versera ensuite sur le nitre quarante grammes d'huile de vitriol.

Bientôt, à l'aide d'une douce chaleur, des vapeurs piquantes se dégageront dans l'air; on se retirera pour ne point les respirer, on fermera la porte et on laissera marcher la fumigation pendant cinq ou six heures. On réitérera la fumigation le jour suivant ; on ouvrira ensuite les portes et fenêtres pour laisser circuler l'air pendant dix à douze heures. L'opératiou sera alors terminée ; le troupeau pourra rentrer dans la bergerie ; elle sera désinfectée.

CHAPITRE XXI.

Du parcage.

Comme améliorateur, l'avantage du parcage sur les champs et sur les prés naturels ou artificiels n'est pas douteux, mais les effets de ce procédé sur la santé des bêtes à laine et la prospérité du troupeau ne sont pas aussi plausibles ; il n'est pas prouvé du moins, dit avec beaucoup de sagesse Charles Pictet, que le parc soit sans inconvénients pour toutes les races, et il est bien démontré qu'il en a dans certains cas pour toutes les bêtes à laine.

Du reste aujourd'hui, on trouve peu de partisans du parc domestique, dans toute sa rigueur ; depuis longtemps même, les cultivateurs sages et intelligents se tiennent en garde contre les méthodes extrêmes.

Toutefois, on peut parquer, sans danger et même avec des bénéfices réels, toutes les terres saines, éloignées des lieux humides et des marais, pourvu qu'on ne commence à parquer qu'après le temps des froids et des pluies, pourvu qu'on laisse les troupeaux à la bergerie pendant les premières nuits qui suivent la tonte, et qu'on les y fasse rentrer quand on est menacé d'un orage ou seulement d'une forte pluie ; en pareille occurrence, des bergeries, établies sur les grandes dépaissances éloignées de la ferme, seraient d'un grand secours.

Avec ces sages précautions le parcage devient favorable à la santé du troupeau, principalement en été, puisqu'il le préserve de la chaleur suffocante de la bergerie : sous ce même rapport, il est très-salutaire aux agneaux ; il favorise la guérison de la gale, du piétin ; il rend la laine forte, nerveuse, élastique, si elle n'est pas d'une qualité très-inférieure.

Tous les cultivateurs connaissent parfaitement la construction d'un parc, mais généralement on ne lui donne pas assez d'étendue ;

sous le rapport de l'amélioration culturale et pour le bien-être du troupeau, il faut accorder à chaque bête 10 pieds carrés.

Pour prévenir et écarter l'approche des loups et autres bêtes fauves, on a conseillé des lanternes composées de verres diversement colorés et suspendues à des cordes ; on a même préconisé l'emploi des filets, des trappes, etc., etc., pour s'emparer de ces animaux carnassiers. Sans vouloir critiquer tous ces divers moyens, il est juste de dire qu'un berger vigilant et un bon chien sont les plus sûrs gardiens du parc.

CHAPITRE XXII.

De la castration.

L'arrachement des testicules est le mode de castration qui mérite, sous tous les rapports, la préférence sur toutes les autres méthodes.

C'est dès le huitième ou quinzième jour après la naissance de l'agneau, qu'il convient de le châtrer; c'est l'époque la moins dangereuse : si l'on attend plusieurs mois, la chair de l'agneau n'est plus aussi délicate ; elle prend le mauvais goût de celle du bélier ; l'animal ne donne point une laine aussi fine ni aussi abondante, son caractère n'a plus de douceur.

Pour châtrer par arrachement, on pratique au fond des bourses une ouverture assez grande pour laisser passer les deux testicules ; on fait ensuite sortir une de ces glandes et on l'arrache avec les dents, pendant qu'avec les mains on retient la peau contre le ventre : on tire ensuite l'autre testicule et on l'enlève de même. On peut arracher les deux testicules à la fois ; on peut encore, sans tirer directement les testicules, les tordre, pour rendre l'extirpation plus facile ; l'opération terminée, on réunit les lèvres de la plaie et on abandonne les animaux.

Il importe aussi d'enlever les testicules aux béliers ; ceux qui sont bistournés, sont forts, sentent encore les femelles, mangent beaucoup, s'engraissent difficilement ; leur viande est médiocre, dure, et conserve toujours l'odeur particulière de l'animal. On met à découvert les testicules l'un après l'autre, on lie fortement chaque cordon testiculaire avec une ficelle placée au-dessus des épididymes (*amourrettes*), et on fait une section un peu au-dessous de la ligature.

Il est très-rare que cette opération soit suivie d'accidents, quelquefois elle produit le resserrement des mâchoires qui pourrait être suivi de tétanos ; mais on prévient cette maladie en passant le doigt dans la bouche des nouveaux châtrés pour faire remuer les mâchoires; il est prudent de tenir ces animaux dans une température douce et à l'abri de la pluie.

En France, la castration des agnelles et des brebis n'est mise en pratique que très-rarement; elle est très-usitée en Italie et en Angleterre. On la pratique pour rendre les femelles aussi utiles que les moutons, tant par le produit de la laine que par la qualité de la viande.

On châtre les agnelles à l'âge de six semaines, deux mois, afin que les ovaires soient assez gros pour pouvoir les trouver et les saisir. Il faut coucher l'animal sur le côté droit près du bord d'une table; deux aides sont nécessaires, l'un tend le membre postérieur gauche, et le second tient les autres trois membres réunis. L'opérateur fait une incision verticale de quatre ou cinq centimètres de long au milieu du flanc gauche, à un point également éloigné de la hanche et du nombril; il introduit le doigt indicateur dans le ventre pour chercher l'ovaire gauche; lorsqu'il l'a sentie, il l'attire doucement au-dehors de l'ouverture. Les deux ligaments larges de la matrice et l'autre ovaire sortent en même temps. L'opérateur coupe les deux ovaires et fait rentrer les ligaments et la matrice; ensuite, il fait trois points de suture à la peau pour fermer l'ouverture; dans quelques jours, la cicatrisation est parfaite.

J'ai voulu pratiquer sur des brebis laitières la castration, dans le but d'obtenir une sécrétion de lait plus abondante, plus constante et de meilleure qualité; mais ces résultats ont été négatifs, l'état de graisse que prend bientôt la brebis châtrée la fait tarir.

CHAPITRE XXIII.

De la marque.

La marque des bêtes à laine est avantageuse, soit comme signe évident de propriété, soit comme distinction des divers individus qui composent un troupeau.

Chaque propriétaire a son signe et les oreilles en sont le siége ordinaire; le marchand pratique sa marque en coupant avec les ciseaux un peu de laine.

Pour bien numéroter toutes les bêtes d'un grand troupeau, on doit pratiquer, à l'oreille qui ne porte pas la marque du troupeau, des incisions ou des trous qui représentent des unités, des dizaines, des centaines. On distingue chaque catégorie par la place qu'elle occupe; on met les unités sur le bord antérieur de l'oreille, les dizaines sur le bord postérieur, les centaines au sommet; les mille sont représentés par des trous faits au centre de l'oreille avec un emporte-pièce.

Il faut se servir de l'ocre ou de la cire rouge pour marquer les animaux qui ont été malades, les brebis luttées par un bélier dont on veut étudier les produits, les agneaux que l'on veut garder et ceux que l'on veut vendre.

Quand on veut se rendre un compte fidèle de l'état d'un troupeau, il faut tenir un registre divisé en cases numérotées, sur lequel on inscrit l'âge, le sexe, la généalogie de tous les individus.

CHAPITRE XXIV.

De l'amputation des cornes et de la queue.

Ces deux opérations sont très-avantageuses.

En amputant les cornes, on débarrasse les béliers et les brebis d'armes inutiles et dangereuses; d'un autre côté, la nourriture qui se porte à ces organes produirait de la viande et de la laine; on a même observé que les agneaux produits par un bélier sans cornes ont la tête moins grosse et que leurs mères agnellent plus facilement.

En amputant la queue à dix ou quinze centimètres de sa base, on empêche encore l'introduction des insectes dans l'anus et la vulve, tandis qu'on débarrasse en même temps les animaux d'un organe presque toujours sale, qui ne fournit que de la laine mauvaise, fatigue l'animal, irrite les mamelles, empêche quelquefois la monte et diminue la force des reins et la laine du dos.

L'amputation des cornes doit être faite au moyen d'une scie, et celle de la queue avec un instrument tranchant.

CHAPITRE XXV.

Conduite d'un troupeau en voyage.

Le temps le plus favorable pour faire voyager un troupeau est une saison tempérée; il faut surtout éviter les grandes chaleurs et les intempéries de l'hiver qui, du reste, n'offre aucun pâturage sur la route.

Le meilleur âge pour de longs voyages est celui de deux à trois ans; le départ ne doit pas avoir lieu à l'époque prochaine de l'agnelage ni quand les mères sont suivies par de très-jeunes agneaux.

Si on n'a que quelques individus à faire voyager, les animaux améliorateurs, par exemple, il faut les transporter dans une voiture, en ayant soin de les faire manger et boire à des heures convenables.

Un troupeau peut parcourir aisément 24 kilomètres par jour. Quand le temps est très-mauvais, on lui accorde alors quelques séjours; s'il y a nécessité à le faire voyager à l'époque des grandes chaleurs, la marche doit s'effectuer pendant la nuit et quinze jours après la tonte.

Les chemins de traverse sont toujours préférables aux grandes routes; on évite les voitures, la poussière et on côtoie d'excellents pâturages et des sources abondantes. S'il arrive que la nourriture de route ne soit pas suffisante, c'est au berger à la compléter en arrivant à la bergerie; en même temps, il y soignera les pieds malades, il surveillera les animaux qui éprouvent des démangeaisons.

Le berger aura surtout le soin de s'informer si la route qu'il parcourt n'a pas été tenue par un autre troupeau infecté de maladies contagieuses; il évitera le voisinage des voiries, des marais, et si le troupeau a souffert des intempéries, il donnera des provendes au gîte.

Il serait à désirer qu'un troupeau arrivé à sa destination fût mis en quarantaine pendant quelques jours, malgré que le conducteur ait pris toutes les précautions sus-indiquées.

Toutes ces dispositions sont d'une grande utilité à l'égard des troupeaux émigrants, c'est-à-dire pour ceux qui, à l'arrivée de la belle saison, quittent les plaines pour aller paître sur les montagnes et qui abandonnent ces montagnes pour regagner les plaines avant le mauvais temps.

Généralement, les troupeaux gras sont mal menés, ils sont même mal nourris ; aussi, arrivés à leur destination après des marches de huit à dix lieues par jour, la plupart des animaux sont harassés et refusent toute espèce de nourriture.

Le mouton gras doit recevoir en voyage les mêmes soins que chez l'éleveur et ne faire que trois lieues par jour. La marche bien calculée laisse le repos nécessaire pour bien ruminer.

CHAPITRE XXVI.

De la connaissance de l'âge.

Les dents de l'agneau sont rarement sorties au moment de sa naissance, quoique l'on sente déjà les pinces et les premières mitoyennes prêtes à percer la gencive ; c'est en vingt-cinq jours environ que le jeune animal possède toutes ses dents incisives, et à trois mois elles forment le rond.

Ces dernières rasent et se déchaussent de six à quinze mois ; les pinces de lait sont remplacées par celles d'adulte à dix-huit mois ; à deux ans et demi, les premières mitoyennes ; à trois ans et demi, les secondes ; à quatre ans et demi, les coins.

A cinq ans, les incisives d'adulte forment le rond et elles rasent successivement à six, sept, huit, neuf ans ; mais à toutes ces diverses époques, il est difficile de préciser l'âge des bêtes à laine; du reste, le genre de nourriture influe beaucoup sur l'usure des dents.

Néanmoins, après cinq ans, pour pouvoir se rendre compte de l'âge, on peut se régler sur le degré de l'usure des dents et surtout sur le plus ou moins de fraîcheur des coins, dont la table est toujours nivelée à neuf ans. Les pinces et les premières mitoyennes se déchaussent et commencent à branler à six ans; les signes fournis par les cornes n'ont aucune valeur.

CHAPITRE XXVII.

Des précautions à prendre dans l'achat des bêtes à laine.

Il faut examiner l'ensemble du groupe que l'on veut acheter dans une étendue de terrain assez vaste ; alors on empêche que le vendeur ne le resserre sans cesse pour donner aux animaux des formes qu'ils ne possèdent pas.

Il faut surtout rechercher une démarche libre et cadencée, la petitesse de la tête, la vivacité de l'œil, un poitrail large, la jambe courte, le dos horizontal, la croupe large et arrondie, la finesse, le tassé et l'abondance de la laine.

Il faut s'assurer, une par une, de leur âge et de l'état de leur santé : elles sont bien portantes quand les veines de l'œil sont d'un rouge clair, quand elles ne s'accroupissent pas en appuyant fortement la main sur la croupe, lorsqu'elles résistent vigoureusement au poignet qui les saisit par une jambe de derrière.

Il faut s'assurer si elles ne sont pas atteintes, ni du piétin, ni de la gale, ni de toute maladie de la peau.

Il faut examiner s'il n'existe pas le long de la ganache une petite plaie qui annonce que l'on vient de percer *la bouteille* de celles qui sont cachectiques; après cette opération, les traficants de bestiaux soufflent de la poussière dans les yeux, ou bien ils humectent les paupières avec de l'eau salée, afin d'irriter et de *colorer un peu les veines de l'œil.* Toutes ces manœuvres ridicules sont évidentes, soit par la faiblesse de l'animal, soit par la chute de la laine.

Il ne faut pas oublier que les marchands ont l'habitude de laisser longtemps les brebis laitières sans les traire, afin que le pis soit bien développé au moment de la vente.

Il faut s'assurer, en passant la main sur quelques bêtes, si elles n'ont pas été aspergées par une dissolution terreuse, dans le but

de leur donner la couleur d'un terroir diffé-
rent.

Il faut s'assurer, par l'odorat et en ouvrant
la bouche des animaux, s'ils n'ont pas été
soumis à l'administration abusive de la fleur
de soufre.

Il faut enfin s'assurer si les animaux, et
surtout les agneaux exposés en vente pour la
boucherie et non encore gras, *n'ont pas été
bâtonnés*. Cette opération, pratiquée par des
cultivateurs barbares et déloyaux, consiste à
frapper rudement, avec une baguette flexible
et pendant quelques minutes, la croupe, les
reins, le dos et les côtes de ces animaux ; il
en résulte le boursoufflement du tissu cellulaire
sous-cutané et, partant, un embonpoint fictif ;
la douleur et la gêne qu'éprouve l'animal en
marchant, la crépitation que transmet la
main quand on la passe sur le corps, dévoi-
lent facilement la fraude.

CHAPITRE XXVIII.

Des vices rédhibitoires.

Depuis la promulgation de la loi du 20 mai 1838, sont réputés vices rédhibitoires, pour l'espèce ovine, savoir : *la clavelée*, maladie qui, reconnue chez *un seul animal*, entraînera la rédhibition de tout le troupeau ; la rédhibition n'aura lieu que si le troupeau porte la marque du vendeur ; *le sang de rate*, maladie qui n'entraînera la rédhibition qu'autant que, dans le délai de la garantie, la perte constatée s'élèvera au quinzième au moins des animaux achetés. Dans ce dernier cas, la rédhibition n'aura également lieu que si le troupeau porte la marque du vendeur.

Le délai pour intenter l'action rédhibitoire est de neuf jours, non compris le jour de la livraison ; les délais seront augmentés d'un jour par cinq myriamètres de distance du domicile du vendeur au lieu où le troupeau se trouve.

Le vendeur d'un troupeau atteint d'un vice rédhibitoire doit être assigné dans le délai de la garantie, c'est-à-dire que l'action introductive d'instance doit suivre la constatation du vice par les experts, nommés d'office par le juge de paix du canton où se trouve ce troupeau.

Pour la garantie dans le cas de vente d'animaux destinés à la consommation, il résulte clairement, d'après plusieurs arrêts, que la loi du 20 mai 1838, ne comprenant pas les animaux destinés à la boucherie, la garantie qui résulte de leur vente doit être régie, comme elle l'était anciennement, par les lois et règlements sur la matière.

FIN DE LA PREMIÈRE PARTIE.

DEUXIÈME PARTIE.

Des Maladies des Bêtes à Laine.

CHAPITRE PREMIER.

Considérations préliminaires; définition des maladies et de
leur état; médications diverses; trochisques; lavements;
breuvages; diète; rumination; cause; symptômes; traitement.

Les bêtes à laine sont exposées à un grand
nombre de maladies; elles sont *aiguës* ou *chro-
niques*.

La maladie est *aiguë*, lorsqu'elle menace la
vie de la partie enflammée, la vie même de
l'animal, et que les symptômes se succèdent
rapidement; elle est *chronique*, lorsqu'elle
marche avec lenteur, avec des caractères
obscurs et des symptômes peu appréciables :

cette dernière forme est la plus rare et peut succéder à la première.

On entend par maladie *enzootique*, celle qui, par des causes locales, attaque un petit nombre d'animaux dans la même localité; par *épizootique*, celle qui attaque un grand nombre d'individus à la fois, et par *contagieuse*, celle qui, par l'intermédiaire d'un virus ou *venin*, se transmet de l'animal malade à l'animal sain.

La maladie dite *sporadique*, c'est-à-dire celle qui n'attaque qu'un animal, est fort rare et passe pour ainsi dire inaperçue. En effet, vivant en troupe et soumises à l'influence des mêmes causes, un nombre plus ou moins indéterminé de bêtes à laine tombent malades.

Généralement ces maladies sont graves et bien souvent mortelles, parce que le peu d'impressionnabilité des bêtes à laine nous cache une infinité de signes précurseurs, qui se métamorphosent en symptômes alarmants à l'instant où elles sont reconnues malades; aussi *la parfaite connaissance des signes de la santé aux signes de la maladie* est-elle d'une grande utilité pour combattre, dès le début et avec succès, la plupart des affections.

Maintenant, quand une maladie à type contagieux se déclare sur quelques individus, le plus souvent l'infection et la contagion se donnent la main et occasionnent alors des pertes effrayantes ; car le grand nombre d'animaux rend la séquestration très-difficile, retarde les moyens curatifs, les moyens préservatifs, demande une attention soutenue et entraîne des dépenses ruineuses.

Cependant, il faut dire que la plupart de ces difficultés s'aplanissent, par la persévérance, la vigilance et l'exemple du propriétaire et du vétérinaire, qui, en mettant la main à l'œuvre, entraînent alors avec eux toutes les personnes de la ferme ; très-souvent, avec un pareil concours et dans l'espace de deux à trois heures, j'ai soigné quatre cents bêtes à laine, tout en activant les mesures sanitaires.

Je me fais un devoir de faire observer que, dans les temps calamiteux des épizooties, la présence de l'homme de l'art est indispensable, car le propriétaire comme le fermier se découragent facilement et négligent les soins des troupeaux. Si on les livre à eux-mêmes, toutes les prescriptions sont oubliées, sont négligées, la contagion gagne du terrain, et c'est alors que l'on implore de nouveau le sortilége ou l'empirisme, source féconde de désastres.

Dès le début, la plupart des maladies des bêtes à laine sont inflammatoires, mais, du deuxième au quatrième jour, les animaux atteints tombent dans un état de faiblesse extrême.

C'est ce passage, quelquefois inaperçu, de la période inflammatoire à l'état de faiblesse extrême, qui a fait tant prôner l'usage des remèdes fortifiants pour le traitement des maladies des bêtes à laine, tandis que d'autres praticiens ont prôné et adopté exclusivement l'emploi de la saignée et des remèdes adoucissants, rafraîchissants, etc.

Ces deux systèmes, diamétralement opposés, sont par trop exclusifs ; *le bâton noueux de l'expérience* me l'a prouvé jusqu'à l'évidence.